媽媽的福利時代

徐玫怡的放養圖文筆記書

freestyle

文字／繪圖
徐玫怡

目錄

Contents

freestyle talk column

talk 1 同情心

作者序

媽媽的存在主義

開車的時候，我的歌單上正播放一首歌〈Swag 午覺〉，我問兒子 Swag 是什麼意思。兒子回答我說：「Swag 是潮的意思，跟『睡個』午覺同音，應該就是好玩而已！」

車上的螢幕出現了「Swag 午覺（feat. 9m88）異鄉人」的字幕，這是簡略的歌曲資訊。以前我也問過他 feat. 是什麼意思，因為網路音樂一直出現 feat. 這個字，經過兒子解釋我才知道，原來是表示由誰誰誰客串演唱。feat. 9m88 意思是 9m88 這位歌手會在這首歌演唱一段。

「那你聽過 9m88 的歌嗎？」我問。

「我知道啊，前幾年就聽過。不錯啊！」兒子答。

這麼一段短短的歌曲資訊，我竟有好多地方不是那麼確知，但兒子能夠全部解釋給我聽。

他接著問：「那你知道異鄉人是什麼嗎？」

我說：「異鄉人我知道，但是這首歌資訊中的異鄉人我不知道是指什麼？」

「他是一個 Youtuber，他有在做 Rap。」兒子說。

「影片內容大多是什麼呢？」我又問。

兒子想了一下說：「廢片吧！」兒子口中的廢片，我知道這是他們青少年喜歡用的詞彙，愈是表現出無意義，他們愈是在乎的趣味。

對我來說，兒子知道好多事情，雖然他現在只有十三歲，未來的世界我必須透過他一點一滴了解。

「那你知道我所知道的異鄉人是什麼嗎？異鄉人除了字面的意思之外，還是一部小說的名字，法文是 L'Étranger，作者是法國人卡謬（Albert Camus）。媽媽看的書不多，但是以前年輕時有注意到存在主義，我喜歡看卡謬想的東西。他寫的一些哲學性的思考，對我有很大的影響。同時，我的女性主義是從西蒙波娃開始，這些都是法國很重要的文學家、思想家，我年輕的時候喜歡看這些。」

兒子聽到這裡竟沒有不耐煩，讓我有點高興，於是又繼續講下去。

「你知道法國的高中生都有哲學考試嘛，題目都是超叛逆的，台灣的小孩不太會被鼓勵思考這些事情，但我覺得你多少要知道一點哲學，尤其存在主義。我覺得自己一直受存在主義的影響，尤其在養育你的過程中，嗯嗯，對耶！我幾乎以存在主義的思考方式在養你，好像有那麼一回事……」我自己講到這邊的時候，突然發現這個重點，奇怪，以前都沒想過。

「因為你也算法國人，想說應該跟你說一下關於媽媽所知道的《異鄉人》。這本書大約在你法國曾爺爺奶奶年輕的時期出版的，法國的哲學思潮真的很精采也影響著世界。」（兒子的曾爺爺奶奶都還健在。）

我對哲學了解並不深入，但淺薄的知識程度剛好適合傳達給兒子。說這些也不是要教他什麼，孩子我教不動，只是把自己知道的事情丟出去給他，看看他有沒有興趣接收，但不需兒子反應出理解或受教的樣子，我不需要他演出好孩子的模樣。

那一天談話不小心講到這些，發現自己在育兒的每個階段的確受哲學思考影響極大，存在主義對於年輕的我有許多打動，這也形成之後我成為母親對待一個全新生命的態度。

育兒、養小孩如果不想淪於形式上的教條，我們應該談談每個家長是由什麼價值觀所養成，當我們對自己如何被養成有更深的理解，也就更能幫助孩子建立他們自己的。

不知不覺中，我已經出版好幾本跟親子生活有關的書。我常不知道自己出版這一類的育兒書能帶來什麼用處，所以當自己說出一些心得時，又會相反的覺得自己不該影響別人，明知每一個家庭、每一對親子都是獨立的個體，適用於我家的，不必然適用於你家，每個存在都是獨特的，所以有時我過於自信的談到育兒心得時，也會警惕自己適可而止。

這本書仍舊是分享我家親子互動的故事，希望這些生活小事為育兒苦悶的大家帶來療癒，幫忙你找到屬於自己親子間的樂趣。

書中有我跟兒子拿相機互相拍對方生活照的橋段設計，親子天下的編輯特別來到台南我家，派給小福一份攝影工作，叮嚀他在這本書拍出他「眼中的媽媽」。兒子在截稿前這段時間不斷拿相機拍我，讓我有一種終於被兒子看見的欣慰。（拭淚）

這本書要感謝《親子天下》雜誌給我專欄發揮的空間，讓我完整寫出兒子六年小學生活的點點滴滴。從一到三年級的 Mother Style，到四到六年級的 Freestyle，我以圖文記錄孩子成長的故事，也看到自己不斷修正的母親模樣。隨著孩子身形愈長愈高壯，母親心的深度也隨之愈挖愈深廣。

freestyle

01

帶兒子去逛街

休

假日帶兒子去買鞋。

小孩子只要好玩，穿破鞋都沒關係，是我覺得一雙真的不太夠，萬一週末要上山看雪，必須要有第二雙來替換。

哎喲
我不用買，我有一雙！
你只有一雙不夠啊！
上次下雨，你的鞋子溼了，隔天又穿溼的鞋子去上學，這樣不是不舒服嗎？
又沒有常常下雨。溼了穿，也不會怎樣啊！

老實說，上山玩雪要買雪鞋，但我們一年最多上山兩次，雪鞋穿不到幾天，隔年又太小！我不是太照顧周全的媽媽，不是什麼都想買最好的給兒子，所以我只想幫兒子再買一雙可抵擋雨水的鞋子就行。

於是，週三沒課，又遇上大拍賣，就帶著兒子前往市中心了。

一路走，兒子一直抱怨。（才下公車走不到一分鐘。）

媽，你要走去哪裡？
這就是逛街呀！
我不要逛街！你不是說要買鞋？那就快去買鞋啊！
買鞋就是要逛街呀！

好不容易走到平價又知名的服裝店，穿過有如週年慶的人潮來到兒童服飾區。其實之前我已經先來看過一次，確定商品中有我想要買的款式，免得進了商店沒買，兒子一定會覺得我在煩他。

找到預定要買的款式，我讓小福試穿一雙，小福馬上很不耐煩的說：

不行！兒子這樣穿很像小丑！

我又看到旁邊剛好有尺寸適合的鞋子，但並不是我想要買的短靴型，只是它有防水功能，於是讓小福試穿一下。

我們才剛進入第一家店，兒子就煩了。要不是鞋子要試穿才準確，我才不要帶他一起出門。

跟男性逛街真的毫無樂趣……

我兒子也是這款。

好吧好吧！就這雙，買了。不要說我選鞋沒品味，那是被兒子逼的。反正，我這一生注定是無法跟自己的小孩去逛街了。你跟爸爸去踢球，街我自己逛！哼！

既然已經出門了，我還想到處逛逛。至少看到一些有趣的店、賣花花綠綠小東西的店，兒子應該有興趣吧！

我在兒子的抱怨聲中拉著他，在熱鬧的街上走著。突然間兒子不知為何猶豫了一下，不再抱怨了，靜靜的跟在我後面。

我看到一家美妝店門口，放了一些禮品式的包裝，上面有各種顏色的小熊玩具。

我喚兒子過來看：「看一下、看一下，好可愛喔。」

站在門口，兒子的眼光卻不在小熊身上，他頻頻望向身後。

我問他：「你在看什麼？」

終於，兒子說出了些不是抱怨的話：

嗯……那個……
媽，我們可以走回去嗎？
走去哪裡？你看到什麼好玩的店嗎？
不是店，我看到有人坐在地上，他前面放著一個牌子說：
J'ai Faim, Je besoin de manger S.V.P.
我肚子餓，我要吃飯拜託您

喔，原來是看到流浪漢。我簡單的向他解釋，沒有工作、沒有家的人在路邊行乞是一種無奈的選擇。

好心的兒子說要走回去看看，我想也好，逛街購物對兒子沒意義，不如改成慈悲施予的機會教育，於是我讓他帶我過去看。

咦？剛剛是一個，現在變成兩個？
剛剛看起來很可憐的是哪個？
是哪個？我應該給哪個人？
一歐元給你，你可以用。
???

兒子馬上陷入糾纏，他覺得如果給帶狗的人，也同時幫忙狗；可是拿牌子的看起來比較慘……

這對他來說實在太困難了，無法選擇。於是小福問我可不可以給他兩個五十分錢，他要平均分給兩邊。

我們先給了離我們比較近、帶著狗的那個人。

幹麼～
動作僵硬喔！
啊，就
不好意思
嘛！
給別人錢，
也是會害羞的……

然後我們又往拿牌子的那個人走過去。

媽！他走了，怎麼辦？
我要追上去嗎？很糗耶
他去小便吧？坐一整天
也需要去小便啊！

結果這個人離開了，留下了進退失據的小福。

沒關係，可以就給，
不能就算了，這就是
緣分。人生就是這樣，
有東西想要給別人，
不一定別人剛好
可以收。
嗯嗯！

我們返回原路，把第二個五十分錢再給了帶兩隻狗的男人。

這就是機運，人生就是如此。

FREESTYLE TALK 1

同情心

當我在小地方看到孩子天性的時候，心裡會忍不住讚嘆：「啊！我沒教他，他怎麼懂呢？」可見孩子本性裡的覺知力不比我們差。同情心、危機感，以及對善惡的判斷，其實是包含在他們的靈魂裡。

當然，家長平常的作為也會影響他們。特別去教、去強調，反而落入形式，容易失真。

freestyle

02

非育兒型父親

我們家一直是我在照顧小孩，張羅家中的一切；爸爸一直是負責賺錢的那個人。

爸爸是很普通的爸爸，有一般男人對家務的懶散和不經心。雖然他自己心裡覺得他好愛兒子、好愛家庭，但是我很難感覺得到愛在哪裡？

我努力工作就是一種愛！
你如果沒有家庭也是在工作，你一直在做一樣的事情。單身的時候你工作，沒有人幫你煮飯洗衣。有家庭的時候，反而有人照顧你的日常生活，你反而更輕鬆！

爸爸堅持他為家庭付出，當然，必須要賺錢養活家人是一種壓力，單身時的壓力跟有家庭的壓力是不同的。

當初兒子剛出生一直到五歲半（我們回台灣之前的這段幼兒期），阿福幾乎不曾真的照顧過小福。換尿布、洗澡、哄睡、講故事、陪玩……五年半中，全部加起來不會超過手指頭加腳趾頭的次數。小福一直到四歲都沒辦法睡過夜，他不曾半夜醒來拍拍孩子的背。

哼哼！別人的爸爸也要工作，為什麼他們就可以幫忙帶小孩？
我！我！
我就是不會面對不能講道理的幼兒嘛……

我很早就看出這一點，就是有一種「非育兒型」的爸爸。

雖然他們愛孩子，但是做不出愛的動作；尤其是第一次當爸爸的男人。

孩子哭讓他很苦惱，完全無法面對，只能丟給我。孩子笑呢？也讓他很苦惱，因為他不知道要怎麼辦？

哭的時候叫他不要哭，他又聽不懂！
……以前……
不可以亂丟東西
這時期就是這樣，你要讓他丟，他的腦才能認知這世界！
這不就把小孩寵壞了嗎？

TV
HA…
Hi……
papa……
咦！在叫我嗎？
要陪他玩大富翁？還是五子棋？
完了，完了！一直爬過來是要怎樣！！

爸爸面對孩子是不知所措的！所以只能轉為對媽媽的信任。

給你，給你，你比較會。
我去煮飯，你帶一下，不行嗎？

等我煮好飯菜上桌，所見的景象大概都是這樣……

爸爸躺在沙發上看足球……
TV
孩子在地上自己玩……
你到底有沒有在看小孩？

有一天，一個好朋友同時也是幼兒的媽媽跟我說：「我真的不知道要怎麼跟小孩玩耶！幸好我老公會陪。」這讓我心中舒緩了一點不平。

有非育兒型爸爸，其實也有非育兒型媽媽，每個家庭都在這種互補中拉拔他們的小孩。我們家是典型的非擅長育兒但外出賺錢的爸，我則是典型的瞻前顧後全部都包的媽。

但是，我有啊！小孩小的時候
我真的有照顧。
還我清白
好好，你有！但，你是……旁觀型的

所謂「旁觀型」，比如說大家一起去公園，我得事先準備水、點心、鋪巾、清潔用品。到達公園，我得陪兒子溜滑梯、騎腳踏車、講笑話吸引他、遇到狀況機會教育；爸爸就站在一旁，面帶微笑的看著這副幸福的景象……

你就是這樣，沒有叫你過來，你就一直站在原地。
不然要我怎麼做？
我看不出幼兒要我做什麼？
yes, I'm.

幸好我們的兒子快九歲了，基本上已經是可以溝通、可以講理的孩子。爸爸此時突然很明顯的轉變了……

我帶他去看波爾多隊大戰馬賽，他一定會很高興！
忙著訂票……
忙著解釋這一場球賽有多重要……
我跟你講……
輕鬆了……
我去上網了……

兒子終於長到以爸爸的個性可以照顧的階段，阿福不用疑惑自己該不該斜嘴歪臉學螃蟹走路、裝小丑來取悅小孩，只要用他自己平時最喜愛的東西，把他所喜愛的事物「傳授」給兒子。

終於，爸爸主動照顧兒子了……
PES Football
嘿，我們來比賽Wii的PES好嗎？
好啊，爸你選哪一隊？
我要巴塞隆納
我，波爾多
吼！
你們兩個，除了足球，沒有別的了嗎？
不過，終於不是以旁觀者的角度照顧小孩，終於投入了！

嗯，略感欣慰。（希望這會是持續的，呵呵……）

freestyle

03

生日聚會

在法國，幾乎每個家庭都注重孩子的生日，孩子生日的當週週末一定會辦一個派對來慶祝。

通常會在一到兩星期前發出邀請函，讓受邀者決定參不參加。

有些家庭會在家裡辦生日聚會，但也有些家庭選擇提供兒童遊玩場地的商用空間，把孩子全部帶到那邊大玩特玩，付點錢，免得把家裡搞得一團亂。

這裡不錯，孩子可玩跳很安全！
還幫你準備蛋糕、飲料
吃的東西品質很糟…
挑剔

我家小福的生日剛好落在暑假，所以他從小到大，我都不用為了他必須辦一個班上同學的聚會而忙碌。幼稚園階段他不懂，可是現在已經是CE2（小三），班上同學每個人都辦生日趴，他也隱約覺得自己從未邀請同學參加生日有點遺憾……

孩子好可憐，都沒邀過同學一起過生日！今年一定要幫他辦一個！
提早辦吧！
耶
吼～事前準備工作又變成我的事情！

我自己的原生家庭，對於生日這種事情是很低調、很矜持的。忘記無所謂，記得的話說一聲生日快樂就好，最多晚上買個蛋糕大家吃一吃，歡歡喜喜隨隨意意，像是生活中的小亮點，如此而已。

所以一到歐洲這種注重生日的

國家，我有時候會有點受不了這種大費周章！

弄得每個小孩像是小王子，小公主似的。有必要嗎？
要想這麼多嗎？
不過就是愛！

在法國奶奶的堅持下（雖然她說不干涉我們，但是你得知道，婆婆的心意就是希望你要為她孫子辦趴），我只好把生日會當成一件事來辦。

公婆是董事長
我自己定位的：
家庭公司組織圖
把拔是總經理
孩子是商品
我是秘書
我的生存之道
迎合董事長，安排總經理行程，把商品呈現出最有賣相的那一面！

我們在法國的公寓太小，不適合邀請七、八個小男孩到家裡打鬧。爸爸阿福一心只想辦得簡單，想去租個室內足球場，讓男孩踢踢足球，在旁邊吃吃蛋糕就能打發。

別懷疑，男生需要的
就是這麼簡單！
Simplement ! Marquer un But ! Directement !
Foot

而婆婆其實已經幫我們把場地找好，她知道一個可以玩水、玩遊樂場，還有小動物可以餵食的公園，她希望孫子是在溫馨甜蜜又闔家同樂的環境中辦生日會。

就照你媽的意思
辦，不要違抗！
可是那地點
很遠....有點麻煩
拜託，你要會看臉色
好不好！

接著我在前一週幫兒子做好十份邀請函，讓兒子能帶到學校發給同學。內容除了邀請的卡片之外，還有遊戲場地的介紹、活動時間的安排和交通指引；阿福則負責跟家長電話聯繫。

哇，你把邀請函
做得像本尋寶手冊
做得超好，超讚！
咳！
我一直是
多功能秘書，
且能獨立作業
……

然後我的工作還要布置場地、準備小回禮給來參加的孩子……

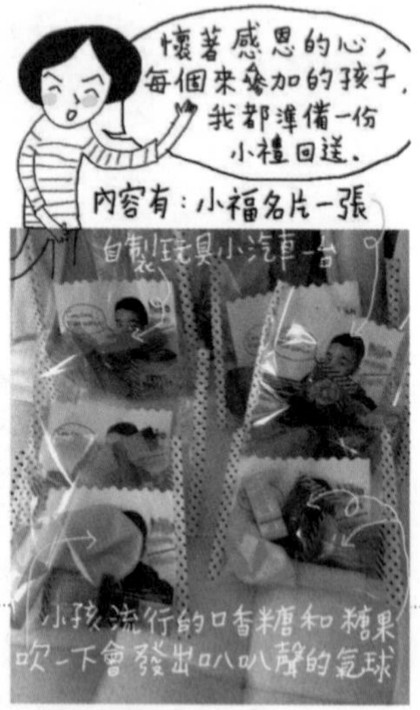
懷著感恩的心，
每個來參加的孩子，
我都準備一份
小禮回送。
內容有：小福名片一張
自製玩具小汽車一台
小孩流行的口香糖和糖果
吹一下會發出叭叭聲的氣球

當然，還有蛋糕！

由於我沒辦過孩子在同學間的生日會，不知道到底要準備什麼等級的蛋糕才算生日蛋糕。一個蘋果派會不會太簡陋呢？其實之前小福五歲時，我曾在公婆家為他的生日做過兩個正式的蛋糕，曾經試著用果凍和杏仁麵團做出游泳池趣味的海綿蛋糕，可是那種用心程度要花掉我一週的準備時間。做過一次我就怕到了！

我瘋了……
也曾經花這麼多力氣在蛋糕的製作上……
切開後，裡面有果凍和海綿糖內餡
杏仁麵團做的小人偶，眼睛是巧克力珠珠裝上去的！
餅乾烤出5歲
游泳池的水是果凍做出來的

於是我還是在外面買了蛋糕，雖然貴，但圖個方便，同時我們得照例準備一些不健康的糖果和飲料。

你們的甜，我真的受不了……
這一天是小孩的假期，小孩的天堂！太甜，太多糖這種事就暫時別管了！

當天婆婆竟還帶了三大包糖果，而且全部開封要擺在桌上。

吃不了這麼多？
糖果是用來裝飾歡樂的！
打開就是！別管吃不吃得完！

兒子生日那天，一切都很順利，場地很優良，孩子們也玩得很高興，只是整桌甜死人不償命的糖果、飲料，加上外面買的甜死人蛋糕……

吼！我知道了！
下次自己烤個蘋果派就好！而且要準備烏龍茶！
失策！
這種事，我就不再入境隨俗！
小男孩玩就好，其他能怎麼簡單就簡單！

蛋糕最貴，都沒給我吃完！浪費！！！
我就說，男生簡單就好…

freestyle

04

太有規矩的小孩

暑假某天，我弟家裡有事，將小二的兒子小強寄放在我這裡，請我照顧一個下午。

中午吃飽飯後，我實在太想午睡了，於是放牛吃草，讓兩個男孩自己先玩一下。

已經8.9歲的兩個男孩，自己玩應該可以吧……
原諒大姑姑體衰……我睡一下喔……

趁我睡覺時，朦朧中聽到兩表兄弟在踢足球、玩槍戰……

我們在玩「故意射不到人的槍戰」射到人就輸了!
碰
媽說，玩具槍也不能瞄準人，危險。
小強

其實也不敢放肆大睡，差不多的時候，我起來了。

嘿!
你們跟我去亂逛，好嗎?
伸個大懶腰……
啊
精神來了……
面對小孩沒有形象……
小福
小強
好吧!不然也無聊……

住家附近沒什麼地方可以去，真的要出去透透氣也只能逛街。

何況太陽太烈曬得頭昏腦脹，此時不適合帶小孩在戶外做運動（偷懶時理由都非常充分）。

於是我帶領他們往我覺得最方便的路線——到處逛逛，三個人邊走邊玩邊閒扯淡，然後進入百貨公司吹冷氣避暑。什麼都沒做，而時間一下子就到了該吃點心的時候。

你們兩個
要不要吃什麼？
我！我
要喝珍珠
奶茶！
我媽說珍奶有不良添加物……
我不要
小福
小強

沒錯，我也不要兒子喝珍奶。

粉圓和添加的奶精都不是什麼好東西，到底塑化劑、起雲劑有沒有再度被使用？食品業者能不能自律？我都沒把握。

但是，我們剛回台灣嘛！小福說他的鄉愁就是便利商店的涼麵和冷飲店的珍奶，這兩種東西是住在法國的我們怎樣都吃不到的！而眼前就有一家頗負盛名的珍奶店……那麼，我可不可以先滿足一下口欲再回復正常飲食？

速食店
泡沫紅茶店
隔壁
很好！
不喝珍奶
是很好的。
那你要不要
吃薯條？
薯！
條好
……大姑姑你這樣好嗎？
咦？媽好像
說過不要常
吃速食……

於是我們先走到隔壁買薯條，買好之後再去買珍奶。

表兄弟倆分享著一包熱騰騰的薯條，跟在我身後，接著我推開泡沫紅茶店的玻璃門，要進去外帶一杯珍奶。點飲料的櫃檯位置比較裡面，我走進去幾步路之後回頭看……

人呢？
小孩呢？

我只好又走出去，叫表兄弟倆要跟好，跟我一起進來買外帶的飲料……

沒有跟進來……原來是……
大門的玻璃上印有……
看！不可以拿吃的進去
有禁止攜帶外食的標誌！
我手上有外食……
不能進去！
小福
小強

「喔？沒關係啦，我們不是要在店內喝飲料，我們是要外帶。外帶沒有這個限制，你們可以進來啊！」

我說完之後又往裡面走進去，向櫃檯點外帶飲料。

結果，跟進來的只有一個。

怎麼？
只有你一個？小強呢？
在外面拿薯條！
跟他說快進來！
小福

怎麼可以把弟弟托給我的孩子丟在門外，趕快把他叫進來。

於是，小福出去叫表弟，過一會兒，小強進來。

小福呢？
因為上面有說，不能帶外面的食物…
所以，
小福在外面拿薯條。
小強

我的意思是要他們兩個一起進來，結果他們還是堅持，必須有一個人拿薯條在外面等。

我不想讓任何一個小孩不在我的視線內，於是我又走出去。

你們可以進來，我們是外帶，沒有關係的
這樣不好啦
不行
福
我吃薯條……
強

我跟他們解釋又解釋，他們還是堅持要遵守規則！

蛤！你們怎麼可以這麼守規矩？平常都不愛聽媽媽的話，現在是怎樣？

腦筋一轉，我跟他們說：「那你們可以從百貨公司那一邊的門進來，那邊就沒有禁止攜帶外食的標誌了。」

說明一下：因為這家店跟百貨公司連在一起……
小孩真固執呀！

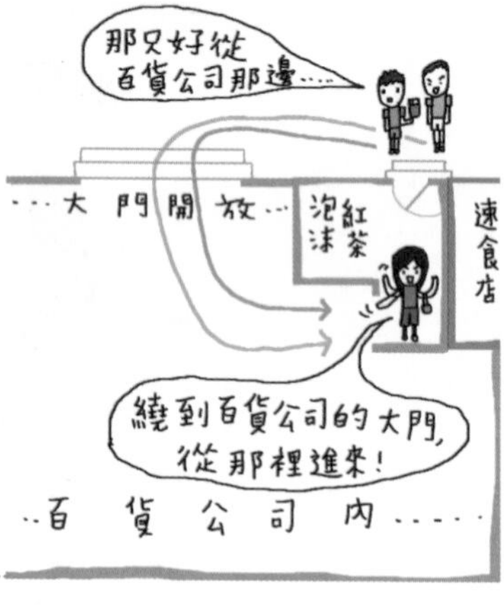
那只好從百貨公司那邊……
……大門開放……
泡沫紅茶
速食店
繞到百貨公司的大門，從那裡進來！
..百貨公司內……

兩個人大費周章終於拿著薯條從百貨公司的大門進來，轉到我買珍奶店家的另外一個入口。

終於把這兩個小孩調進我的視線內，可以安心的等著拿我點好的珍珠奶茶……

嚇！我不是違背自己的原則嗎？說速食不好，說珍奶不喝。怎麼一回台灣就破戒了！！！不守規矩的，是我呀！
你到底會不會帶小孩呀？
一個珍珠奶茶
一個薯條
走吧！
我們慢慢走回家吧！

freestyle

05

聽媽媽講話

因為出書的緣故，兒子跟著我南來北往參加了幾場新書宣傳活動。由於我談了不少媽媽角色上的心情轉折，坐在旁邊的小福，聽著聽著，似乎因此多了一點成熟的心眼來看待自己的媽媽。

這段期間，也經常與友人相約見面。只要談起家庭生活，總會提到怎麼看待孩子上網。而我從不全盤否定數位產品進入孩子的世界，反而常說自己怎麼觀察兒子上網的「深度」，是無意識的打電動？還是去思考使用軟體時遇到的困難？能否自己找出解決問題的方法？

他找到討論程式設計的論壇，自己發文向電玩前輩發問。
我好驚訝，他打字不用注音文，連標點符號都是照規矩來……
你不怕孩子眼睛壞掉？
你讓他上網太久了
我
友
友
媽媽在跟阿姨聊天……
偷聽

不是故意說小福的好話，我可是花了點心思觀察，他在遊戲中到底在搞什麼？

雖然我根本懶得知道那些遊戲怎麼玩，但偶爾在旁邊囉唆詢問，還是可略知一二。

我媽都站我這邊！
太感動了
對外人的時候，當然是站在你這邊。
那還用說！

暑假期間小福沒有上任何的暑期課程，也沒參加才藝課，跟著我到處跑。無聊的時候總是忍不住把平板電腦拿出來看……

噢，你讓他這麼早接觸這些東西，會沉迷耶！
是啊是啊！的確不好！但我發現他英文進步好多……
我就想說他不用去補習英文了
當做去上英文課
孩子的自制力不夠，你要限制一下。
嗯！對！
這一點我就是做得不好！
嗯……我要改進……
又偷聽

小福跟在旁邊看起來沒在聽我們講話，其實他還是聽進去了。

而且起了變化。

我媽做得很好
別人不可以說我媽不好
所以，我要自制
我不要讓別人說我媽不好
我要當好孩子！！

小福經過了我的新書宣傳期，默默在一旁聽了不少媽媽的心聲之後，我感覺他似乎比較懂事，

對於我要求他該做的事，反應也變得較快。

這幾天他自己跟我說……

麻～我感覺我變乖了……
若玩太久，我會自動停下來
我可以控制我的心
你要上四年級，長大了！
希望是
有可能嗎？？？

我回應他說：「長大的孩子會愈來愈懂得分寸。」但我知道孩子其實都偷偷聽著大人的對話，從中理解父母的處境。

與朋友之間的交談，話題除了兒子，大部分還是提到自己對人生、對事物、對社會的看法。這些雖不是百分之百傳進兒子的耳朵，但他至少還是感受到母親的性格帶來的氛圍，因此更了解我的心意。

這種透過第三者談話而間接了解母親的方式，對這年紀的孩子似乎很有效用，雖然他老是一副不管事、也沒在聽的樣子。

糟，我的鑰匙怎麼找不到！
哎喲
媽
剛我有看到，你放在側邊的夾層啦！
對，對，在這裡！
沒想到有注意媽媽！

我當然希望孩子很在意我說的話，但從孩子的角度來看，事實卻是相反的。

有一天，兒子跟我說：「媽，你常假裝在聽我說話，但我知道其實你沒在聽，我非常了解你。只要你慢了一兩秒才回我嗯嗯！而且，注意，音調有點低，那就是你沒聽進去，隨便亂嗯的。」

是喔！
嗯
我的反應是這樣嗎？
別以為我不知道
停一下才「嗯」……「嗯」……我很了解你！
被抓到了？

為了扳回顏面以及更深刻的溝通，我很快的回應他：「不，你了解得不夠透澈。你知道我為什麼沒聽你說話，只是很敷衍的說嗯嗯？」

小福：「為什麼？」

「因為你只了解表面，沒有了解媽媽的內心。那是因為我正在忙，正在想一件很重要的事情，可是你都不管我的內心，一直嘰哩呱啦吵我！人的心思只能專注一件事，你吵我，我當然就敷衍你。不能只看表面，那不算了解媽媽！」

你，了解的只是媽媽的表面
喔……這樣嗎？
把兒子引導到這程度，我以後就輕鬆了吧！

就在前幾天，兒子一定要跟我一起擠在一張椅子上，看我的臉書內容。這時剛好有人分享了周杰倫的音樂。我一看到〈聽媽媽的話〉這首歌，馬上就跟他強調，這是位流行音樂的天王，立即毫不遲疑的點開〈聽媽媽的話〉MV讓兒子欣賞。

哇，看得好安靜！
一定是歌詞感動了他吧!?? 感到媽媽是多重要了吧？!!
平常的小福，看兩遍重複的副歌就會嚷嚷說換下一個了！
如果他崇拜周杰倫以後就會好好聽媽媽的話吧？
好專心在欣賞呢！
聽媽媽的話
聽媽媽
聽媽媽的話
的話
聽媽媽的話

歌曲尚未進行到尾聲，我忍不住問他：「你怎麼都不說話，是音樂好聽？還是影像你喜歡？」

我故意不提到「歌詞」兩字，雖然歌詞的內容，才是我要他注意的重點。

當時注視著螢幕影像的小福，若有所思的慢慢轉過頭來說：

媽媽的話……
這是在洗腦吧？？
聽～媽媽的話
蛤！
的確是有那麼一點……

喔喔……兒子，這個時候你又何必看穿表面呢？好吧，這次算你了解媽媽的內心！

今天發生什麼事

小孩放學回家後，媽媽們會習慣性的問：「今天在學校發生什麼事情啊？」「中午吃什麼呢？」

當我問兒子這些問題時，十次有十次都回答我：「忘了。」「不知道。」總是期待孩子給我們一個美好的反應，但小孩總是不如我們的意，連中午吃了什麼跟我們講一下這麼簡單的事情也懶得去回想。

不想讓自己每天接小孩時落入這種失落感，後來就決定不問兒子「今天發生什麼事」，而是反過來，一遇到兒子我就講「媽媽今天發生什麼事」。我先講自己的趣事給孩子聽，讓孩子藉此了解媽媽的一天，有時穿插一點自己的觀念讓孩子從描述的事件中更了解我。我們常說，媽媽要了解孩子，但孩子也必須了解自己的媽媽。我用這個方式讓孩子了解我。

兒子，我跟你說，最近香港發生什麼事，你知道嗎？
不知道！
餐桌是我跟兒子交換訊息的地方。

freestyle

06

這個媽媽不偉大

自從擁有母親的角色之後，我最怕被冠在頭上的讚美詞大概就是「母親您真偉大」、「母愛深似海」這一類的。

我非常害怕這一類的說法套在媽媽身上，那似乎是推著一個女人必須忍耐和犧牲才能成為稱職的母親。

但我感覺，母親的角色要怎麼扮演是一種個人的喜好，就像是你願意為了逛街，走很多很多的路直到腳痠；就像你要染髮、燙髮，為了漂亮而願意坐在美容院五個小時。

為喜歡的事付出一些什麼，並不能算偉大，只能算是應該的。因為我們這個年代的母親要不要生小孩，大多處於自由意願，傳統的束縛在這個時代也有方法掙脫。所以，說到偉大，讓人有承受不起的感覺。

的確，
有的母親身陷困境，非常偉大，令人敬佩。但是我沒有！

母親的面貌有很多種，我盡可能的挑選適合我的。

昨天兒子同學來家裡過夜，我為他們準備好遊戲的地方，這樣我就可以清閒的度過一個晚上。

兩人專心玩骨牌
……
……

像這樣，表面上為了讓孩子高興而多照顧一個小孩。似乎有什麼付出之類的。
其實沒有！
我反而更輕鬆了。

隔天，我準備了一份漂亮的早餐。不說豐盛，因為它真的不是很豐盛，只是按照自己的心意來準備待客的餐點。

早餐做好之後覺得很漂亮，我拍了照，對自己的表現很滿意。想要上傳到臉書上與人分享，但後來又打了退堂鼓。

不過是小孩的同學來家裡玩，萬一人家覺得我很用心，「還這麼大費周章的費心準備」，萬一被讚美「付出辛勞」，這會讓我感到沉重。

不過是做一件喜歡做的事，早起花時間去做也是甘願的。

做自己喜歡做的事，討自己歡心，
順便照顧小孩……
那是什麼？鹹蛋加豆腐？蔥？
好好吃哦！
還有肉加四季豆
什麼都要吃一口試試看！
今天吃稀飯！

花時間跟小孩聊天，也是我非常喜歡的事情，因為不管你怎麼瞎掰胡扯，孩子總是聽得津津有味。不像跟大人說話，大人總是用規則尺度來衡量你。

跟小孩在一起真的是心靈最自由的一刻。

由於下午我計畫要寫稿子，我在中午前載兒子的同學回去，也順便把我家兒子帶到別人家去吃午餐，下午輪到兒子同學的媽媽看顧小孩。母親的工作大家輪流分工合作，這一點我覺得是非常好的交流。

我們來互相偉大一下！
"乾"
下午，孩子麻煩你了！

你們這樣當媽，都還有個人享樂，偉大都不偉大了啦！

這天，兩個小孩坐在車裡，感覺上有點安靜。我在駕駛座，頭也不回的問他們：

你們在玩「唉佩」嗎？
呵呵！怎麼知道？
小福媽媽你沒有回頭看，怎知……

「你們小孩在做什麼，當媽媽的人都會知道！因為在我們生下小孩之前，我們會被植入外星人的晶片在眼睛裡，所以做媽媽的都可以透視小孩的心。」

「真的嗎？外星人的晶片？」

兒子的同學覺得不可能但又很好奇。小福媽媽最會胡扯，我常常用外星人來編故事。

你有沒有發現，你媽媽可以看透你的心？有些事你沒有說，你媽也沒有親眼看到，但是媽媽就是知道你心裡在想什麼！這是因為每個媽媽都有一個祕密。就是……我們在生小孩之前，都會被植入透視晶片能夠辨識、掃描孩子的心意……
編故事

兒子的同學還認真的思考了一下我的話的可信度，但是小福馬上接著說：

不是啦！
那不是什麼外星人晶片
如果你培養一個人，一直培養培養……你就自然的了解他的心。

小福講得不錯，但我還是幫他再順一遍說法：「你的意思是不是說，媽媽一直照顧小孩，因為一直看顧著孩子，媽媽就會了解小孩的心？」

對，
所以，你不要再說什麼你有外星人的祕密。我都知道，你是說假的！
好啦，好啦！

連孩子都知道，如果媽媽常常陪伴自己，自己的各種優缺點就無所遁形，在媽媽面前要說謊是很難的一件事。

我兒子已經長大了，我唬人的內容也要改進了！真糟糕，都是老套不行呀！

小福又說：「媽媽如果突然都沒有過來唸我，沒有過來要求我做這個做那個。其實我也一樣，我不用看也知道你在做什麼！」

啊～…
有事嗎？

「你就是在一個地方，一直在滑手機，一直在……寫東西或者是回信。我不用看到你，我也知道你在做這個。」

所以，
這不是外星人有沒有幫媽媽植入晶片的問題。這是因為在一起久了就會知道。
好，好，你回去坐好

如果我當媽媽有一絲偉大，那就是能夠讓孩子打擊我，能夠讓孩子直接指出我的缺點或是忤逆我。這一點我倒是覺得我做得很足夠，甚至有點超過了。

freestyle

07

一個媽媽除以她的小孩

上四年級之後，小福開始了除法的學習課程。

學除法之前，乘法必須熟練。小福一直不願意背九九乘法表，寧願自己在腦袋裡運算加法來答題。我了解不背九九乘法並不是一件不好的事，但是我跟所有的大人一樣……

你背起來，
又沒有壞處。
寫功課的速度
可以更快！
不要
反正我知道
怎麼算就好!

現在學業上遇到了除法，運算真的開始花費時間了。

你有沒有在寫?
不要浪費時間!
好啦
挖鼻孔

因為先寫國語，已經寫了一陣子，所以一輪到寫數學作業，小孩就更耍賴了。

你在做什麼?
就剛好想畫圖
不是跟你說，媽媽煮飯的時候你要把功課寫完!
晚餐都弄好了，你還沒寫!

應用題上面寫了什麼題目，他就在旁邊畫那個故事。小福一直在忙「周邊」的事情，就是不直接回答題目。

家長理應關注孩子的功課，但我不是每天都很閒啊！我也要做我自己的事情。家裡就只有我們兩人，只要我一有事情要忙，也只能放牛吃草，稍微疏忽一下，一頁除法可以搞很久都還在畫圖（有時候偷偷溜去玩電腦）！

某天，功課竟然讓他拖到了十點多……

OK！最後一題寫完了。收一收，上床睡覺！
不要！我還要「幻想世界」一下！
沒有時間「幻想世界」了，直接上床睡覺了！

兒子每天都有幻想的時間，一個人在房間內幻想不知道什麼劇情，在床上翻來翻去的演戲。但是這天已經太晚了，我不知道催了幾次，終於我發怒了！

不行！今天沒有幻想世界！
睡覺！
每天一到睡前也幾乎是這種場面！這一天並沒有太特別！

你知道，孩子愈大你的怒氣愈來愈沒效。語氣憤怒的說教一會兒，兩人又肉搏拖拉了一會兒。

最後，小福把身體弓成一個三角形一動也不動。

功課寫完應該讓我休息！怎可叫我去睡覺！
誓死抵抗！
讓我變身為礦物結晶中最堅固的三角結構，對抗不合理的要求！
哼！
看我的！

你以為……
我不能嗎？
只有26公斤
甩
甩
三角解體！
好好玩！我再爬回原位，再氣媽一次。

這個搬上床的動作重複了三次之後，兩個人都忍不住要笑出來！我一見形勢轉換，兒子的拗氣已散去，於是馬上又換了另一個方法。

都是一些誇張又簡單到不行的除法。重點不在教數學，而是要小福轉換情緒，聽我的指令。

這是長久下來的經驗，在雙方對峙的時候丟非常簡單的題目給他，都是一些不用想也能回答的題目，一答對就給予褒獎，這樣很快就能擊退兒子的任性情緒、掌握他的思維。但題目也不能只有簡單，這樣就無聊了。

因為還沒學到小數點，兒子覺得「零點什麼」很有趣。順勢我又出了一些相關的題目，總之答案都是〇．五，讓他對小除以大有個概念。

福至心靈，我說：「一個媽媽生了兩個小孩，請問，一個小孩可以分到幾個媽媽？」小福眼睛一亮，隨後詭異的笑……

突然之間，我自己也對這個應用題感動了起來。

如果一個媽媽生了12個孩子，那代表每個小孩都有一個媽媽。雖是一個她，其實擁有12個媽媽的分量……
母親的分量……
只能乘，不能除。

講到最後，母子兩人有了共同的結論，一個媽媽不管有多少小孩都無法除她，不管生了多少個孩子，每個孩子都擁有一個媽媽。

1
哈！但我只生一個！
0
突然很感動啊！
一個母親怎麼除都是1

一個女人成為母親，卻可以成為很多人的母親……

freestyle

08

寫功課的反省

上個月，我對兒子寫功課的速度非常的不滿意，一心認為他在偷懶、在拖延時間。

為了解決這一點，我除了陪在旁邊督促之外，就是趕他一題寫完之後立即進行下一題，只要看到他卡住，就馬上問他……

你這一句不懂嗎？
來！媽解釋給你聽！
然後你就把……
懂嗎？
嗯……

這麼關心兒子的作業進度，不是說我有多愛參與兒子的功課學習，而是我沒辦法忍受每天功課都延誤了正常的家庭生活。

一題寫十幾分鐘，你到底有沒有在想啊你？
啊就……想一想就會想到別的地方去啊……
快
吼！這樣不行，來，媽幫你，我們來看哪裡有問題！快寫，不然什麼時候可以睡覺！

把拔阿福上個月來台灣與我們相聚，沒幾天，他就發現兒子寫功課的時間非常長。

由於他在放學後陪兒子踢球踢到天黑才回家，又剛好在期中考前，除了原本的作業之外，每一科都比平常多發出一張測驗題。

於是，回家洗澡、吃飯之後立即進入寫功課狀態……

為何我兒子功課那麼多？整個晚上都在寫功課？
你不懂!!!
你兒子很愛拖時間，跟你一樣！
我不免還是會把兒子的問題跟爸爸的缺點兜在一起，順便對阿福發洩一下不滿！
心中
有怨念的女人就是忍不住說出這種話！

有一天，我出去跟朋友吃飯聚餐。好不容易阿福在，我當然將把拔跟兒子留在家裡，讓父子倆多一點沒有媽媽在旁邊的時間。

所以那一天的功課，就由把拔來負責盯場。

出門前我把晚餐都準備好了，他們只要加熱就可以吃。以為一切都安排妥當，心無罣礙的我跟朋友在外面高高興興的吃飯，吃完飯還換了地方吃甜點。正當我歡歡喜喜的奔赴下一攤的時候，卻收到把拔傳來的簡訊：

我很生氣！我們到現在才吃飯！
晚餐不是都做好了，你們怎麼這麼晚才吃呢？WHY?
因為小福寫功課寫到現在才寫完！
8:45
呵?!! 怎麼會這樣???

看完簡訊，害我好好的心情又慌亂了起來。勉強把當天約好該進行的聚會完成，趕回家後……

你要去跟老師講，功課太多影響家庭時間！這樣不好！
是你兒子邊寫邊玩。你到底會不會盯功課呀！
沒有，他沒有邊寫邊玩，他一直乖乖的坐在椅子上寫！
呵!?他乖乖的?

把拔對兒子的觀察竟然跟我不同！我突然間有被「當頭棒喝」的感覺。

阿福不會讀中文，只能一旁關注，無法協助兒子寫功課。同時我知道小福怕把拔的威嚴，不敢在把拔面前造次。

所以有可能小福是認真的，但當他被問題卡住時沒有人能問，只好自己慢慢想。小福從未上過安親班，也不曾寫過評量練習，所以每一個難題對他來說都是一個新的問題，他必須靠自己的腦袋來思考、來解題……

功課的目的是操練耐性還是測試理解？
難道，我把小福能自己慢慢想的機會剝奪了？
看到他遇到功課的難題就馬上去協助他解決，這樣好嗎？沒有我在旁邊，他一樣能完成功課，遇到難題也沒有倚賴他人幫助……
我催他快寫，雖然縮短了時間，可是卻讓他減少思考。
我這種方式是好？還是不好？

我整個人重新反省自己的態度，也再度深入思考回家作業的目的為何？

不過我還是跟把拔說：「寫作業就是重複練習課堂的知識，多練習，不錯啊！」但是，阿福並不同意，他說：「在學校一整天還練習不夠嗎？要練習也是在學校練習，回家就是回家的生活，怎麼還在做學校的事情？」

一下子，我很難讓阿福了解，別人家的小孩上安親班、補習班都能上到晚上七、八點鐘。小福比起別人，他真的已經玩得比較多了。

阿福說他看不懂其他科目，但是數學他懂，所以他把數學測驗卷拿起來看。

你看哦，十位數乘以百位數，為什麼做10題？每一題都是同樣的運算方式。
道理懂了，做兩題就夠了！
呵呵！多寫幾題才會熟練呀！
熟練很重要啊！
小孩懂道理就好了，熟練是要做什麼呢？

對啊，熟練是為了什麼？我也問我自己。為了考試寫得快能得高分？然而考試成績真的重要嗎？熟練當然很好，但是花時間練習就會排擠家庭時間，相較之下，家庭時間難道不重要嗎？

老師每一項作業都親自批改嗎？
是啊！
那你跟老師說可不可以出少一點功課，這樣她就不用改那麼多作業，對她也很好啊！幹麼大家都忙，忙得灰頭土臉又不快樂！
也對
可，這很難啓齒……
把拔給我的難題不會少於兒子！

於是隔天，我去找了老師。

有的家長擔心練習不夠，程度拉不起來……
我懂，我懂……
能好好寫完一個項目，勝於全部囫圇吞棗般完成……
因為社會上有百百種人，大家對孩子有不同的期待。
師
讓我們保持觀察，隨時調整。

功課多一點？還是少一點好？

見仁見智。但催促孩子寫功課的我，似乎在幫忙孩子完成作業，卻不自覺的壓縮孩子動腦思考的時間。或許孩子真的不夠專注，但我也應該給他不專注的亂想空間，來擴充動腦的寬廣性。

其實我自己以前也是這樣東摸西摸的小孩，這樣的人長大後會不好嗎？

事實上，兒子比較像我！
唉唷！真的是很難拿捏分寸呀！

freestyle

09

嬰兒語事件

上個月跟兒子發生了一次很嚴重的對抗，我以不太成熟的方式應付，結果……好像還不錯。

所謂的嚴重對抗，事因也不過是「快去洗澡」、「功課寫完要把作業收好放進書包」這類的小事，怎麼會變得嚴重呢？

家庭的事情可大可小，嚴重不嚴重其實取決於父母要堅持到什麼程度？

就累了啊！
沒耐性了！而且
小孩重複惹毛我！
我要堅持對抗到底

小福一拗起來會故意回到嬰兒期，我對他所有的問話皆得不到答案，他回答我這種語言：「咿布布啊啊！」

完全用嬰兒語嗆我。

這種情況不是沒有發生過，我已經訓誡他多次：「這樣說話媽媽聽不懂，你只要能告訴我為什麼？你想怎麼做？我們可以討論。」我一直都希望孩子能把心裡的話坦白的說出來，任何想法只要有道理，都可以跟媽媽協調。但是孩子畢竟還小，無法控制自己要理性，有時候他自己也不知道為什麼這麼做？

OK 沒關係你不知道
為什麼的時候，你
也可以跟媽說你現在
就是不想聽話沒有
為什麼！
母親都低姿態到
這種程度了，你還……

苦口婆心好言好語的說了幾次，小福就是故意回答我嬰兒語。後來我的「歹性地」（台語）也被激出來，還治其人之身！

啊可噗巴噗巴！
嗚巴巴！阿布打
幹麼？
學我！

你嬰兒語，我也嬰兒語！怎樣？

但我這樣做並沒有失去理性，這是故意的，只是我當時並不知道這個故意將導致什麼後果？

……先到床上躺一下……
好累……
先顧我自己要緊再看他要怎樣？

結果兒子開始在客廳展開嬰兒大動作，把椅子翻倒、把抱枕亂放、把桌上的文件弄亂一地……

還好嘛！動作很小心……
……算還可以啦……弄倒的杯子是沒有水的塑膠杯……有水的那杯他沒動
咿咿
呀呀
氣

當時他很生氣，覺得不弄亂一些東西好像不足以表達憤怒。雖然其中包含著他「別搞太糟，免得無法復原」的小心翼翼，但這的確是小福憤怒的極限了。

他來這招，我要怎麼面對??
我更強大去壓制他？
還是，跟他合作？

於是我從床上起來，帶著大氣凜凜的態度加入他的戰局。我先把回收的那些紙盒紙箱灑在玄關，把另外兩張椅子也放倒（放，不是丟，也不是摔。東西可不能壞，我家沒這預算啊）。在看似不理智行為的背後，我等著抓住一個契機。直到洗衣籃裡的衣服從浴室丟到廚房之後，我又回到床上躺著。

根本沒有契機好不好!
這一出手，雖有比他更強大的氣勢，又有跟他合作的態度……
但，結果會怎樣呢??
把外面弄得亂七八糟的疑惑媽媽!

心裡的確不知下一步怎麼做？

正在僵持的時候，我聽到外面有搬動椅子的聲音。

小福開始……
整理……
椅子拉起來放好，
回收的瓶罐放回紙箱，
紙箱放回原處……

兒子竟然默默的整理亂象，這是一種認錯的方式嗎？剛剛不是還在耍嬰兒脾氣，怎麼一下子蛻變為主動整頓家務？兒子的嬰兒語叛逆是否在暗示我，他正猶豫在長大以及不願長大的拉扯中？

像這樣的爭執到最後應該怎麼做？
轉場的契機來了
怎麼收場能讓一切圓滿？能讓小福得到最多?
我哪知?

於是我從床上起來，沒有負面情緒的配合小福整理東西，而且一路保持安靜氣氛讓小福用自己的方式處理善後。雖看得出是他認錯的表現，但我當時沒有乘勝追擊，說出教訓或是教他什麼人生道理。

立即教導人生道理就……
逃掉了

全部整理好的時候，我在廚房燒開水泡茶。小福向我走過來，用一種很清晰冷靜且願意接受教誨的語氣對我說：「媽媽，請你告訴我，我哪裡做錯了？請你告訴我好嗎？」

啊，剛剛不還是個不理性的嬰兒嗎？現在怎麼突然成熟了？

請你告訴我
啊！啊？？
我忘了是為了哪一件事生氣……一時想不起來……
劇情急轉直下
我傻了
但孩子都問了，一定要講出些什麼吧!?! 人生道理之類的，就是這個時候要灑出來呀!

於是我還是講了一些道理，簡短的，只是為了在這突發事件中做個收尾。我想，他自己已經有了體會，多說什麼道理也是囉唆而已。說完，母子兩人貼貼抱抱互相給予溫暖，我感覺此刻肢體的擁抱勝過一切教條。

奇怪，衝突到最後讓人感覺很滿足……
謝謝媽媽
謝什麼呀!

FREESTYLE 2 TALK

生氣的機會

生氣是健康的，我太溫和了，很少生氣。我看生氣為一種情緒有出有入的氣血通暢運行。

當小孩讓我生氣時，我感謝他讓我情緒有高低起伏，有發洩。

freestyle

10

請直接跟孩子對話

在法國生活的那幾年，如果有客人來到家裡玩，原則上就是這樣的景象。

Ça va? 好嗎?
Oui, Ça va bien! 很好
Tu est grand! 長大嘍!
親臉頰是一定要的!
Bonjour! 日安!
Bonjour!

家裡三個人都會走向玄關，輪流親臉頰、寒暄。

不只是我家，其他家庭也都是這樣面對來訪的客人或親戚。法國小孩不管年紀大小，一般來講都能很自然出來跟大人打招呼，甚至坐下來一起聊天。

同樣的情形在台灣，家裡有客人來訪，開門迎接是爸媽的事情，孩子大多無動於衷，直到爸媽喊著：「來，跟○○阿姨打招呼，過來！」

孩子或許害羞，或許沒興趣，總之應付著場面的需要，勉強的配合父母的期望，低著頭說○○阿姨好。

你兒子現在幾年級?
六年級了!
長大了，現在很彆扭!
沒關係青少年嘛!
好無聊……

有同理心的大人能了解孩子的彆扭，因為我們也是這樣長大的。在我們年紀還輕的時候常常被父母叫去跟長輩打招呼，這種懶得應對客套場面的感覺，我很能體會，總之不勉強。

但是？

為什麼法國的小孩不會？
WHY?
那麼愛跟大人聊天？
為什麼法國小孩

我一直不喜歡拿國外的月亮有多圓來對應台灣哪裡很不好，都是同一個月亮，只是我們看到的明暗部不同而已。可是，談到孩子們面對大人時所表現的態度來說……糟糕，我也覺得外國月亮比較圓了，我真的覺得法國人在這一點上做得很好。

只要我們共同努力，社會就能變得更好……讓我們一起學習，
大家加油

回台灣一陣子之後，我突然在這件事上看出了端倪。不是台灣的孩子不懂得跟大人打招呼，而是台灣的大人平常就沒有把小孩當成一個可以直接互動的對象來看待。孩子長大的過程中，缺乏與大人交往的基礎，臨時要他們跟你問候，當然孩子會覺得太做作、太彆扭。

在台灣，見面的寒暄經常如此……
你女兒叫什麼名字？
她讀哪個學校？
這是媽跟朋友的事，與我無關！
孩子明明在旁邊卻不直接與孩子交談……

在法國，見面親了臉頰之後……
哦，你就是小福啊！幾年級了？
三年級
你們導師叫什麼名字？
Natalie
平常有踢足球嗎？
有，我下課跟同學踢足球，週日上午參加籃球隊！
嗯，直接問小孩，不是問媽媽！
我
大人和孩子彼此有屬於他們的應對。

從小福還是嬰兒的時候，我發現不管是誰，甚至在路邊等公車時，隔壁站的歐巴桑看到小福都會直接跟孩子對話：

14
Bonjour!
細漢仔，你好嗎？
你叫什麼名字？
我
Bonjour!
咿呀
Il est sage comme une image!
你兒子乖得像是一幅畫呀！
婦人隨後跟我眨個眼睛……

當然孩子還小的時候是不懂回答的，但大人還是非常有禮貌的，以大人的規格直接跟小嬰兒互動。

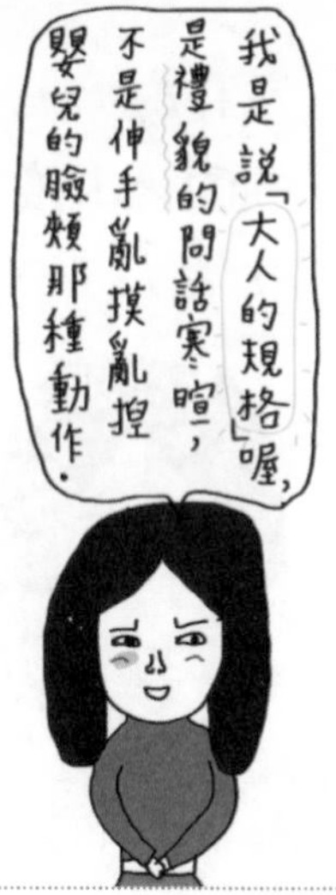
我是說「大人的規格」喔，是禮貌的問話寒暄，不是伸手亂摸亂捏嬰兒的臉頰那種動作。

在法國，即使是一個嬰兒，餐廳訂位都算一人，人與人交往的禮貌不會因為年紀小而有差別。整個社會把孩子當成大人一般看待，人際關係是從孩子本身出發，而不是事事項項透過父母轉介。與人寒暄聊天從小就很自然的融合在生活中，在這種環境中長大的小孩，遇到必須與外人交談時，自然就出現大方的態度。

在住家附近遇到不認識的女孩……
Bonjour!
Bonjour!你們住在這個社區嗎？
是啊
你從哪來的？
我
台灣！
我沒見過你耶??
我爸爸剛搬來，我以後週末都會來這裡。
走過去……又主動問候小福
Salut!
你叫做？
我是小福。

我不能說每個法國小孩都像這位陌生小女孩一樣如此主動與

人寒暄，個性不同，態度因人而異。但至少與人打招呼這一點，法國小孩沒有太多彆扭。

在台灣，若孩子的表現令人不滿意的時候，大人很少先調整自己的態度，反而常討論應該如何教育孩子、如何給孩子上訓練課程。但如果大人自己平常都很少主動與別人的孩子說話，又如何要求台灣社會中的孩子能好好的跟大人打招呼？

小福跟我說過，大人每次跟他說話都問一些很難回答的問題，所以他覺得跟大人對話很困難。

你比較喜歡爺爺還是比較喜歡奶奶？
法國和台灣，你喜歡哪一邊？
我……
這種問題很難回答，又沒意義!!!
煩耶，好想溜掉！

而大人反而把簡單的問題拿來問孩子的父母……

你兒子這麼大了！他今年幾歲啦？
……沒我事兒…
哈，各位叔叔，阿姨，簡單的問題就直接問孩子，別再問我啦！
看，簡單吧！
他讀哪個學校呀？

當我們希望自己的孩子能大方面對外界時，我們也該試著經常跟別人的孩子真誠的對話，大人若能做到直接與孩子交朋友，小孩們自然也不用我們擔心要不要打招呼、大不大方的問題了。

freestyle

11

翻桌這一天

某一個假日，小福在同學家玩，等到我去接他時，竟然躲在角落裡生悶氣。

歹勢！
你怎麼了？怎麼不說話？
在別人的地方你給我撒野！

還沒等到小福有任何回應時，同學的媽媽就趕快出來解釋剛剛發生了什麼事。

原來，幾個男孩一起玩桌遊，我兒子輸了竟然憤怒翻桌，然後就把自己塞在角落，完全不跟人講話。

沒關係，孩子拗了的時候很難說道理！
我懂我懂！
真不好意思，我來處理！

自己的孩子在外表現不好，真是感到非常羞愧。做母親的我當然很在意他人的看法啊！「你給我表現這樣，輸了竟然翻桌，這太讓人沒面子！人家以為我是怎麼教你的！」當時我絕對有這樣的念頭。

但我一定要忍住，不能發飆！發飆的話就沒人下得了台，兒子若是不聽從我的責罵，當場也會帶給別人更大的尷尬。

壓低身段了。

你再告訴我為什麼？
我知道你一定有什麼委屈，對不對？
我們現在靜靜的離開，你不用現在解釋什麼！跟媽回去，有什麼事再跟我說，走！

小福也不是那麼好說話，不是兩句軟語就能說動。所以我在同學媽媽的理解下用自己的方式，聲東擊西的淡化掉空氣中的衝突感。最後兒子終於半推半就的跟我回去，在他自己也不了解自己為何如此拗的情況下，用悲憤的姿態搞笑的離開。

好了啦！快走。
慢動作跌倒……又爬起，像是受傷很重的士兵……
哎呀！
這招是在演戲？還是表明心意？
我還想留下來玩，不想離開！可是我又很氣，不想跟他們玩……
我不知道我是怎麼了！

這天下午我是騎兒子的腳踏車過來的，回程打算讓他騎回家，我跟在後面順便慢跑。本來只是這麼簡單的想法，沒想到卻遇上小福史上最拗的一天，他會不會繼續把氣發在我頭上？沿路跟我作對？小孩子最可惡的就是把氣出在對他們最好的媽媽身上，所以我一定不能老套，教誨的話語一定要別出心裁的切入才行。

嘿！
我剛騎過來，屁股好痛……
……
換你騎回家好嗎？

一臉屎面的兒子沒說什麼，自己靜靜的跨上腳踏車，往巷子裡騎去。那一刻我知道差不多要搞定了。兒子應該進入了我的如來掌，接下來只要把如何平復心情、說出想法、給出建議的這個過程完整走完，最好搞得精采一點讓我自己也覺得有意思，這樣今天出的狀況就算非常值得！

要配合我！
你騎慢一點！
啊算了，你騎快一點。
路口等我就好。
……

巷子裡車子少，不讓人緊張。兒子一副瀟灑男兒狀，看似沒在理我，其實默默等我，這個時刻心裡感到母子間特別的連結。

老實說根本也不需要教育兒子什麼是對的、什麼是錯的，那些老生常談的話語他明明就懂，只是情緒作祟。

走！去吊單槓
好高的單槓呀
……

經過公園時突然覺得應該先在那裡玩一下，把心玩開了，有話待會兒再說。我跳了數回怎麼都無法摸到那架超高單槓，兒子此時丟下腳踏車，開始以他最擅長的本事——攀爬柱子，一逕攀上單槓最高處，然後橫向移動……

哇
你竟然"素條啊"上去！
台
緊攀柱子
少來讚美我，我才不說話。
我都摸不到。
竟然你能摸到！

公園裡有一些老人健身的器材，使用方法特別簡單，但是樸素又好玩。我接著就去壓腳……

哇，好痛！
我一定要壓到最上面！
很遜耶！
我都不會痛！

兒子說話了。

我們拉了筋、扭扭腰、太空漫步了一會兒……話題全都在講健身器材對阿公阿嬤有何幫助。

好了，天快黑了，
我們沿著運河回家吧！
好！
你再跟我說
剛剛發生什
麼事？
終於進入正題……

沿著運河步道讓小孩來回騎車是很安全的，趁此機會，我也剛好可以好好的跑一圈運河沿岸。

沿路兒子告訴我他不能接受同學串聯打擊他，他很氣是因為遊戲過程二打一不公平。

我也勸他，最厲害的球員不是都會被人盯很緊盯到無法發揮，是因為別人覺得你厲害才會這麼做。你要更厲害才能突破重圍，不能學席丹用頭槌，一用頭槌就徹底輸了。

出狀況的這一天，以兒子足球偶像席丹的頭槌事件做為完整的句點。

翻桌跟
頭槌一
樣不好
哦！
Hi！小子
有事嗎？
叔叔有練過……

小孩不乖是最棒的時刻

在幼稚園時期，有一次兒子不乖，我把他拎起來，那次我突然有了另一種想法！幼小的孩子不乖，是最棒的時刻。

自己還可以把不乖的孩子拎起來，這段時間很珍貴，因為再過一陣子，我便無力抓住他，所以，孩子要不乖的話，就趁現在！我跟自己說，要好好愛惜小孩不乖我還拎得起來的階段。

四到六年級這個時候，有另外一種難纏的不乖，而我已拎不動他，但我心裡想：還好，這時打架還會贏他。要不乖的話，這是最後階段了，要衝突就趁現在衝突，趁孩子還會聽媽媽的話，趕快把親子溝通問題解決，不然到了國中，我絕對輸！

每次孩子不乖不聽話，我暗暗竊喜：「來了來了，機會來了！」我站上一個旁觀者客觀的角度，珍惜這個機會，全面迎戰。我希望所有問題盡量在此階段發生，在兒子小學畢業之前，跟他溝通到最好的狀態，不然一到國中，我講什麼他更不聽，連打架都會輸他。

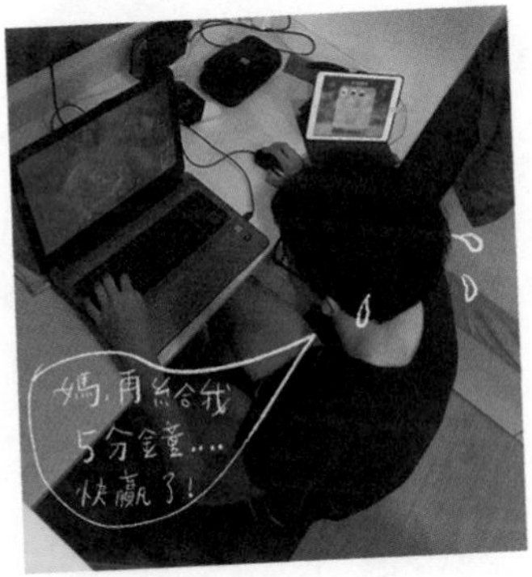

經常這樣……

freestyle

12

別讓媽媽不開心

我

總是叫不動我的兒子，不管是要求他趕快把襪子穿上，還是趕快去洗澡。

快！
是要我講幾次！
為什麼老是讓媽媽不開心！
……

為什麼別人的孩子這麼容易叫得動，而我的兒子老是要我一句又一句、一次又一次，才能把他從原來的狀況中拉出來！難道是我帶小孩的方式有錯？

叫不動是一個問題嗎？他又沒有打人或偷竊！
同樣，也是叫不動的爸爸
不順我心，讓我生氣，就是一個問題！

我絕對相信，父母帶小孩的方式，一定影響孩子的行為。但我們也是好好的在各方面都有做到啊！該有的規矩、尊嚴、溝通以及身為父母的以身作則，統統都有注意，但是我兒子怎麼會這麼難要求？

往好處想，表示他有自己想做的事，不想被你操縱！
吼！誰想操縱刷牙、睡覺？
也在為自己解釋吧你？
爸爸！

小福快十歲了，與孩子溝通的方式也逐年改變，而「叫不動」幾乎是全年度持續性的親子互動障礙。不過，久病成良醫，久母成良師。（什麼跟什麼？）在長久推不動兒子的千百次互動中，我亦隨著孩子的理解力改善嘮叨內容。比如某次我要求他把東西收一收，他先是不回答，然後不耐煩的回了我一句：「不要。」

當時我已經很煩躁了，聽到不要兩字，一把火從丹田升到喉嚨，幸好大腦的冷靜將火氣往下壓，冒出了這一段對話：

你這句，
效果不好
啊
?
小福

因為你這樣講，會讓我想揍你！而且揍完之後你還是要收東西！這不是得不償失嗎？
喔!
你想想……像這種情況……
你要怎麼回答才是解決之道？
嗯……

形勢反轉，我把球丟回去給兒子。但是要小福想出一個解決之道，他通常就卡在「不想收」這一點上跟我拗，所以我得繼續我的軟性攻擊……

來，想一想。你現在不想收，確定嗎？
確定。
你不收，我會生氣，你要我生氣嗎？
不要啊!
所以……
但我現在就是不想收東西!
凡事都有兩全其美的方法，你又何必激怒媽媽？

軟性又理性的攻擊勸誡到此，一定要以身作則的示範下去，如此才能完整呈現兼具聽覺和視覺的雙重教誨，也算是理論與實務兩者並進。

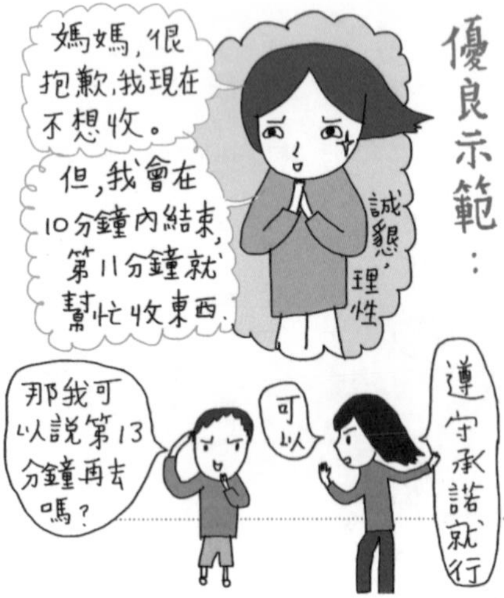
優良示範：
媽媽，很抱歉，我現在不想收。
但，我會在10分鐘內結束，第11分鐘就幫忙收東西。
誠懇，理性
那我可以說第13分鐘再去嗎？
可以
遵守承諾就行

我一直把與孩子纏鬥互動當成我的母職樂趣，生了一個不是很順從的孩子，直接將他逼進規則死角，他只會更加反抗。

以上與小福之間的溝通和表演式的示範，對我來講既有嚴肅又有趣味，我在憤怒和幽默中找到平衡槓桿，情緒隨當時事情嚴重與否來調整。小福就是很吃這一套，我們的默契也是在這種狀況下建立。

來，換你實際操作一次！
好
媽，很抱歉……
OK！很好！

雖然有過如此詳盡的示範和實際操練，孩子還是一直不斷創造新的狀況。比如某天起床的時間晚了一些，小福看到起床的待辦事項時……

你動作快一點！不然來不及！
又來了
待辦
1.2.3.4
啊！做不完……啊……煩！

不久前，我給小福一個簡單的起床清單，也不過是把小便、洗臉、刷牙、換衣服、澆花、吃早餐列出順序，根本沒有很難的工作在清單裡面。

有一陣子，起床清單已經幫助我把他的起床狀況調整得不錯，卻因為一次太晚起又鬧起脾氣。

等一下！
先不要生氣
發脾氣是有什麼功能嗎？
事情會變少嗎？
來，馬上找出解決方案

其實我希望孩子遇到問題時，能先想著如何解決，而不是先發脾氣，所以我不能在這個關鍵時刻也跟著發怒，我若罵小福，不就加強了「面對問題就生氣」的態度嗎？

剛起床，走溫馨模式……
像這種情況，你可以跟我說：「媽，你幫我澆花和找衣服、襪子！」
有困難要想方法面對。煩是沒用的！
而且，媽，跟你是一個Team啊！你可以要求我幫忙呀！
抱抱
嗯
「小便、刷牙、洗臉，我自己做。」
好

那天小福還是準時上學去了。

我再度把「遇到問題要怎麼解決的方案」實際的走過一遍，只要能教出一個可以好好面對問題並且解決問題的孩子，媽媽永遠都會是開心的啊。

兒子怎麼老是讓我不開心！
表示他對媽媽的愛很放心才敢這樣……
偶了解兒子啦
本身也是讓他媽媽不開心的兒子！

freestyle

13

三明治時光

我

們常說，夾在上一代長輩的奉養與下一代孩子的教養雙重壓力下的父母為三明治世代，而我就是屬於這個族群。

嗨
我是三明治人
Hello
夾在長輩關切指點與小孩頑皮不聽話當中……

但我或許沒有其他三明治世代的壓力那麼大，因為我的父母健康開明，不用我擔心他們的身體，也不需要花太多心思溝通。

我們很自立,自強,不需要你奉養!
七十多歲老人
從來都不需要帶父母親去看病
自己的筋骨痠痛,還回去麻煩爸爸按穴道……

當初從法國回台灣定居的時候，我媽希望我們能住在家裡，至少省一筆租屋費。

但我拒絕了，我知道跟父母住在一起就不能避免生活習慣的適應問題。

晚上的八點檔連續劇加上泡茶、喝茶是你們的休息方式。可是按~看電視都超大聲……
我有嗎
我們可以不看!
你們看電視很干擾我,不看,我又覺得內疚!

不想在生活中事事有干擾，若長輩、父母努力配合我們，又覺得心裡過意不去。

而我這人，包括家裡的家具位置、生活用品的選擇等等瑣碎龜毛的日常家務，我都有自己的一套想法，總覺得沒有照自己的方式，生活起來不暢快。

可是，我們都盡量不吵你了！
我忙我的，沒空理你啊！
你們在旁邊我就寫不出來呀！
毛病

自己的爸媽總是最了解兒女的個性，父母對我生活上的體恤當然是不在話下。所謂三明治世代的壓力，在我原生家庭中並不算存在。

只是……

我仍避免不掉孩子的法國爺爺奶奶，也就是阿福的爸媽對我們的關心。

不必奉養，只是關愛，有何不可？
關心也算是壓力嗎？
孩子都我帶，你當然不懂
唉～

平常遠在法國的爺奶總是習慣在他們吃過午飯之後，藉著網路視訊給孫子打電話。因為時差，每次接到電話都差不多在九點多，這原是孩子準備睡覺的時間，雖說聊個半小時還不是很晚，但是只要講了視訊電話，孩子的狀態就無法定心。而一個未滿十歲的男孩又怎麼懂得討好爺奶？每次視訊電話一響，兩人總是推託。

我不知道要講什麼？
FACE Time
媽，你接啦
爺奶就是要跟你說話，我接也沒用，你還是要講！

雖不是天天打電話，但一週至少一、兩次，我們母子都有疲倦的感覺。

就退休了啊，每天也沒什麼事好做，講電話不干擾你們的生活吧？
除了奶奶，還有爸爸……
我幾乎每天都要報告一些無聊的事情。我沒興趣啊！
……不被人了解的壓力……

有時候，我也不知如何解釋這種關愛帶來的疲倦。

是我有問題嗎？為什麼半片吐司都還沒壓上來我就覺得煩？
我們通視訊不過是像放兩根苜蓿芽那樣輕……

關心孫子的法國爺奶還是忍不住親情的驅使，上個月來到了台灣。一路遙遠搭了飛機來看愛孫，我也在家裡安置了一間他們的房間來迎接。但心裡不免擔心著二十四小時不間斷的與長輩相處，會是一個很大的考驗。

一個半月，真的好久……
別人都能長期跟公婆相處，我才幾天有什麼好抱怨？
或者，這是一次試煉？
還是只是"好煩"！
嗳～

就在上個月，我經歷了六週的三明治時光。帶著法國爺奶一起生活，一起吃早餐又一起午餐，當然不免一起下午茶，又一起晚餐！光是煮飯、吃飯、洗碗就幾乎成為整天的主要活動。

展現對長輩的尊重……
來，這邊走……
但，不想要歡聚的溫馨啦！工作都拖延了完全不能寫東西！
我的內心忍不住焦慮……
可不可以不要一直很Family？
超過一星期我就不行了……

每日帶兒子上學時，也同時帶爺奶出門，一車坐滿滿，兒子上學之後，再帶他們去運動……

感覺我每天都帶著好多人生活……
這三明治真不容易咀嚼！

與長輩同住，一出門就是多人同行，這不是最困難的部分。最困難的是當孫子不聽話時，我馬上感覺到一種眼光……

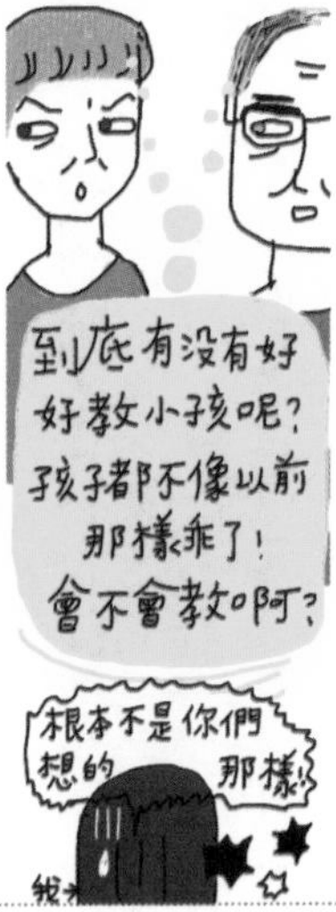
到底有沒有好好教小孩呢？孩子都不像以前那樣乖了！會不會教啊？
根本不是你們想的那樣！

這一段時間，我深深的體會了當母親最大的困難不在教養，而在他人如何看待你的教養。尤其這個他人是隨時在身邊觀察你的一言一行的長輩。

所謂的三明治困境，這一層應該是最難吃的吧？

每天要來回轉頭講兩份話、翻譯兩邊意思的我，低下頭還得安撫孩子的任性鬧場，心神之費勁，卻天天都做不了自己想做的事，天天都是筋疲力竭的昏倒在床上。

這麼累……
我卻失眠
天啊

我的三明治時光雖然毫無喘息空隙，但畢竟六週已經度過。幸好爺奶已搭機返法，歡喜的結束了來台的訪孫之旅。

送走爺奶之際，我跟小福手牽手離開機場大廳，想到好不容易吃完的三明治，終於又可以回到輕鬆的母子飯糰生活了！

我比較喜歡當白飯，包覆著你這肉鬆！
我也是比較喜歡飯糰！

別人怎麼想

教養最困難的地方，就是在意別人怎麼看待你的教養。

如果有其他長輩在現場，我們就會不自覺的做出別人期待的教養，那樣是不自在的。其實你在意別人怎麼看你當媽，在意爺奶怎麼想，在意旁人的眼光。為了自己像個好媽，你裝模作樣的罵：「都講過幾遍了？」「媽媽不是講過了嗎！」表示你有教。

以前我會出現這種表現，可是我心裡知道自己這樣是不對的，教養在親子之間，不必演給別人看。

早上才寫聯絡簿……

freestyle

14

難唸的經

家

家有本難唸的經，我們家當然也有。

我們家長久以來最難唸的一本經，就是「去睡覺」。

若看過之前我多年下來寫的家庭文章，你們一定知道我兒子睡覺之難纏、之不像小孩。幼兒疲倦了會打盹、會想睡的狀況，他完全沒有。

跟同年齡的孩子一起玩、一起游泳、一起奔跑等等一整天，別人的孩子都累了，個個想找爸媽的懷抱躺一下、瞇一下，但我兒子還像電力95%的電池一般，不需回到父母懷抱充電。

已經玩了一整天，到下午了……
小福，來，休息一下！
小福
不要！
快來，喝水
吃點心
不要！
我

這當然要怪我們家長。之前在法國，一般法國幼兒，甚至小學學童都七點就上床了。

但我家爸爸結束工作回到家都六點半了，回來後要喝杯啤酒，看一下足球相關新聞，一下子就七點了。要跟上非常標準的法國幼兒七點睡覺的規則，是根本不可能。而且阿福爸爸的習慣是，一定要全家一起吃飯，小孩在嬰幼兒期也是一樣得跟著上桌，這一吃、一整理，再洗個澡，也差不多快九點了。

爸爸才剛回家，都不必跟孩子相處嗎？
那別人的法國家庭是怎樣讓孩子在7點睡覺？
這是我很大的疑問？
Comment faire?
怎麼做？
我也不可能去別人家臥底觀察？
我6:30回家，對爸爸來講，小孩7:00睡，太寂寞了問題就在每個家庭，都不可能真正的參考其他家庭的真實生活過程，我們如何能鬼鬼祟祟的躲在別人窗戶邊，看人家是怎麼處理家務？雖有很多的書籍、文章都把良好的生活習慣說得很有規範，但我實在沒有真正的理解別人是怎麼做到？

所以我們家還是依照自己的做法，在吃飯、洗澡、整理之後，九點才能真的進入「全日家務工作結束」的輕鬆時間。但是，爸爸一定要看的足球賽，通常都在八點四十五分開始。（球季的時候幾乎天天有球賽可以看！不是球季還有別的比賽，像網球、自由車、籃球、賽車。）

我家小福只要不是全家全面性的關燈入睡，他的神經線就不可能安靜下來，平日有爸爸在客廳看電視，偶爾有朋友來訪在客廳聊天。

雖然我已經把客廳門、走道門、房間門都關起來，他敏感的雷達，還是一樣能從他的床上偵測到外面的動靜，整個人還是相當清晰不困倦。我的陪睡、陪說故事、陪聊天可以從九點一直到十一點都還在陪……

你白天沒有操他！
嗯……
基因？基因有錯嗎？我那麼嗜睡的人！
小孩沒有早睡是我們大人的錯嗎？
上次你帶他去滑雪不是一樣，半夜還精神很好！
而，小孩沒有睡意難道是小孩的錯？
癥結點
放棄重要球賽是不可能

這本難唸的經，在法國就已經很難唸了，回到台灣也不見得好唸到哪裡去。

回到台灣之後，只剩下我們母子，爸爸的球賽跟偶爾來訪的好友，再也無法影響孩子的穩定度，加上孩子也長大了，其實是可以好好的調整睡眠狀態。

快去刷牙！睡覺！
可是，No！
馬上！
媽最近很多工作卡在一起，你快去睡，別讓我煩

忙自己的……
無動於衷……
我只怕我爸，我媽就還好……

回到台灣換我得工作，我若是一個普通商店的店員就好了，誰教我的工作是寫稿的！而且經常在工作的專案中，需要大量的資訊協助，所以家裡一定有電腦、一定有網路。

所以，我兒熱愛流連網路，我也不是沒有錯！
我每天在網路中打轉！兒子絕對被我影响！
網路上的活動是最影响睡眠的，不管是遊戲或社群！
媽，別担心。Notch在9歲就做出第一個遊戲，後來，他創造了Minecraft偉大的電玩。玩電腦可以成為改變世界的人！
偉大的人也要充足的睡眠！別頂嘴！
反正我會去睡，等我一下！

我告訴自己，孩子一回家，我要完全放下手中的工作，洗澡、吃飯、親子互動，直到孩子順利睡著。

但問題是，當一個專題在心中如火如荼進行中，我雖然能暫時放下陪孩子度過晚間時光，但是孩子一睡，我就馬上爬起來回到電腦前面，整理晚上出現的各種想法。

趕快弄一下，不然明天一起床，時空不同，這些想法就不見了！
而且，明天還有明天的干擾、明天的臨時家務……
睡？不睡？掙扎
我又太晚睡，明天會很累
明天還有明天的懶散要克服，還有經前焦躁要面對……
其實是惡性循環，我也知道，但……

去睡覺，這件事不只是我兒子的，還是我本身難唸的經。

有時候，正在很進入寫稿創作狀態的情況中，卻必須耐著性子擔任母親角色，只有等孩子睡了一切才安心，孩子睡了趕快起來寫一寫剛剛疏漏的地方……可是這樣又嚴重影響睡眠感！

要好好睡覺，是不是應該放棄創作的生活呢？是不是要放棄接企劃案維生呢？

媽，都已經這麼久了，這經你還沒唸透呀？
家庭道場
所以我才說，家家有本……
真的很難唸的經啊！
去睡覺……去睡覺……先去睡覺……

難唸的經總是層層疊疊的有各種關係牽扯，難以一次就抓到解決的方式，甚至運用各種方法只能進步一點點點點點……

帶孩子的這十年，算是把這部經唸了十年有。這種經唸久了，到底是在盲點的迷信中打轉？還是有一天頓悟了，就成仙了啊？

FACE TIME
鈴·鈴·鈴
你們還沒睡嗎？孫子，來聊天一下吧……鈴……
9:30……聊下去，孫子又亢奮了……
成仙的那天，該不會是我累趴的那一天吧？
是我長大的那一天啦！
快了

FREESTYLE 3 TALK

媽媽一個人反而更輕鬆

我跟兒子的爸爸後來發展為不共同居住，也解除了伴侶關係。之後，我發現自己適合一個人帶小孩，生活與教養變得非常自在，不再為了調和不同的價值觀或生活習慣費盡力氣。

一個人帶小孩是滿快樂的一件事，只要單純把自己的心處理好，妥順了，孩子完全感受得到媽媽狀態，生活上更穩定。

freestyle

15

怎麼養就怎麼長大

因為經驗過台灣、法國兩邊不同文化的生活，我對於很多約定俗成的事情愈來愈沒有堅持，愈來愈不在意。

比如說坐月子。

在法國，我朋友生完孩子的第二天晚上就去參加派對狂歡了。

呵！
沒傷口嗎？
休息一個星期再出門玩也不遲！
老外真的太過分了！

我原本也是一個非常在意「一次坐月子改善體質」的那種人，但在法國生產後整個環境無法配合。除了冰柳橙汁沒喝之外，基本的法式家常料理都照吃。加上孩子哭鬧，我那幾個月幾乎沒睡覺，又因為在大夏天生產，一般法國家庭是沒冷氣的。我整天冒汗，生完沒幾天，很快就去洗頭了。雖然完全沒有「坐月子」，但是之後的十年育兒，卻不覺得自己的健康和體力比坐過月子的同齡朋友差。

我這10年，感冒次數不到5次，而且幾乎隔一天就好了。
難道是沙拉改善了我的體質？
媽是很強壯沒錯但一天到晚喊累！
快吃沙拉！

之後，我對於非常在意「一次改善體質」的坐月子說法，不置可否。有也好，無也行。老外女性不坐月子也有身強體健的，說人家皺紋多並不公平，我見到許多法國女人老得又瘦又美，真的不見得有多老態。

有坐月子的台灣姊妹們，一旦年紀到了，該老的還是老了。

沒有一蹴可幾的健康！身體要好、氣色、體態要美。
就是，天天……
都要運動養生！

育兒階段，我一直跟孩子一起睡一張床。這在法國可以說是非常「教養不正確」，當時也有不小壓力。但我為了不使自己整夜奔波兩間睡房、為了自己能休息，跟嬰兒期的兒子睡同一張床對我是最舒服的方式。但周遭的法國人若聽到我這種情形，也會說上兩句。大多是以「不要犧牲自己」、「讓孩子獨立」之類的說法來勸我。

今晚，換你照顧兒子！半夜你去處理孩子的問題！那我就睡回自己的床上。
bla……bla……
我小時候跟父母和兄弟姊妹睡大通鋪，15歲離家念書、16歲打工賺生活費，你呢？
能嗎？
你能嗎？
十年前的我
你從小有自己的房間，卻跟父母住到28歲，現在連煮個馬鈴薯都要打電話問你媽，誰獨立？你說！
不能。

我家阿福爸爸一見我義正辭嚴的反駁，他自己的確也是我說的那樣，所以只好默不作聲。

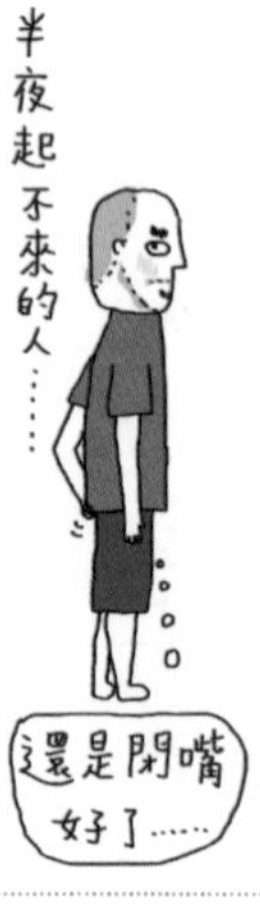
半夜起不來的人……
還是閉嘴好了……

A社會所習慣的文化，不一定是B社會所接受的。我不講得太深入，光講奶油就好了。以前我買一塊兩百五十克的奶油塗早餐土司，一塊奶油用得天長地久，大半年都用不完。

不要塗太厚！
對身體不好！
奶油跟麵包比例1:1，才會好吃哦！
對抗！

起初看到法國人塗奶油的分量真是傻眼了！剛開始還一直叨唸阿福吃太多奶油，但後來連我也棄守了。

我們法國人都塗這麼多奶油呵！可是我們是歐洲數一數二最瘦的國家
好好吃！奶油要多，才是塗奶油的義意！
反正……
不是很常吃，就……

記得兒子剛出生的第一年，我小心翼翼的在六個月後準備副食品，力求孩子飲食的最初能得到最純淨的食物。而就在我進廚房加熱副食品的時候……

HA HA HA HA HA
哈！他舔了香檳，那個臉ㄜ……
哈哈！你看，他吃巧克力ㄉㄡ可愛!!!
你們……
給他吃什麼！
吃飯了

而孩子就這樣一步一步的長大了。每次小福去奶奶家住，奶奶準備超濃巧克力當早餐，我都當成那是一種對孫子的愛，而不去在意巧克力粉的成分有多複雜，當然麵包上的奶油果醬也一樣塗得超厚。

成分是
看開一點！奶奶絕對是愛孫子的，我看這一點就好……
C'est Bon!
我還要！
好，牛奶加巧克力，
很營養喔，

記得小福在法國念幼兒園的階段，我在學校當義工支援游泳課的安全。在冬天很冷的天氣裡，小孩已經沖了水，卻讓他們在沒有浴巾包裹下發抖著站在池邊排隊，我看到好多小朋友人中的部分都變紫色了。而且我注意到好幾個流鼻涕的孩子，游泳的幾個月來一直流鼻涕，卻沒有一個老師或家長在意這件事。

我知道他們想訓練孩子適應寒冷，但是……
人中都發紫了……
台灣稍稍一起風，全部的孩子都穿上小外套，氣溫根本20幾度，也太……

所以，每次跟人家談到生活應該如何如何？孩子應該怎樣怎樣教？我常期許自己一定要保持開放的態度。我自己可以對任何事情都有看法，但是當別人與我持不同意見的時候，也要學會適時打住爭辯，尊重對方，毋須堅持己見。

孩子各有自己命運，遇到不同的文化、不同的家長、不同的食物總是會激發他們不同的應對能力。我應該看見的是孩子與成長環境互相琢磨出來的生命力，這才是最可貴的地方。這樣期許自己。

不要過度期待

千萬不要期待孩子的將來。

這並非放棄未來的想像，不是對孩子的未來感到悲觀，而是讓孩子自己的生命力運作，因為我們信任他。

我常想，十幾歲的我，完全不知道今天五十歲的我會變成這樣的人；學生時代英文那麼爛的我，竟然在四十歲還會講法文呢！誰猜得到？所以我怎麼可以在小孩十幾歲就想像他將來要做什麼？

大人的期待對孩子的發展是一種限制。

如果兒子很聽話完全照著我的想法長大，那這樣的兒子也太無聊了；但如果兒子不照著我的意思，刻意跟我相反，那根本不必為他想太多。

期待會傷害自己，也限制孩子。

幫媽買菜已有一年了……

freestyle

16

愛面子

與其說大人愛面子，不如說小孩子更愛面子！

逐漸的，我家小福跟我鬧彆扭最厲害的，再也不是過去的那些小事，以前要他吃飯、洗澡、整理書包這種生活規則的要求，已經慢慢的得到和諧，我不必再事必躬親的注意小事。

但是接連而來的是：「與媽媽期望相反」，兒子卻死命「護衛自尊」的抗逆。

不是叫你把iPad收起來!!
怎麼又打開?
我跟同學約好，8點要連絡一些事情…
什麼事情那麼重要?
你不要管!

我已經是相當開明的家長，但是孩子仍慢慢築起一道界限，來形塑他的自我面貌，現在愈來愈不願意媽媽插手了。

明知孩子不過就是聯繫一些沒什麼大不了的事情，不過是莫名其妙的傳送貼圖而已，兒子為了這些「無用的事」來反抗我？有沒有搞錯！

但另一方面當我聽到他說「已經與同學約好，不能不講信用」時，又覺得小福已經意識到「信用」的重要性，他在乎的是自己的自我形象，這難道不好嗎？有「自尊」的孩子，以後也能有自尊的面對自己的人生，這才是孩子成長的大原則，他看重自己，我怎麼能去破壞呢？我應該試著從這個角度來看他。

好，那先講好，你幾點可結束?
你不能無止無境的玩LINE!
跟同學講信用，跟我也要講信用!
我們不是在玩LINE!
我們是在用LINE!
這不是玩!

媽媽我已經表示妥協了，跟同學說好彼此聯繫就讓兒子守約定達成信用，孩子的世界，孩子自己處理，我只要監督他不要過分即可。

但即使這樣，一點點用字不合他心意，他也有話來反駁我！

好，簡單一句，幾點結束？
讓步……
頭髮長了
彈指
我把事情交代好就馬上收！
帥氣

有一次我們一起出門買麵包，原本小福愛吃的那一種沒有了，我問他要不要買另外一種，他勉強說好。

結帳的時候我跟店員說：

你們今天怎麼沒有那種麵包了？
我兒子很愛吃都不做了喔！
不好意思，因為季節已經過去就不做了！
真的都不行嗎？
媽在跟人家扯什麼！！！

瞬間，我兒子變臉了，一直拉著我要趕快出去。

但，你這是什麼態度？
呵！
呵！
……對抗……
哼！
煩死了！

我當時再度的被提醒，不要為孩子著想太多，因為他有自己想維持的形象，我們多餘的著想並不是他要的。

什麼態度
雖然孩子態度不好，但他們內在
總有我們必須了解的心思轉折……

我很不願意每次爭論到最後，大人只能以「態度」一詞來責備孩子。我常覺得「你這是什麼態度」是非常模糊的責備，用「什麼態度」就能把孩子認定為錯誤的一方，這是大人無法面對親子衝突時自我防身的方法。

所以，最近我試圖在每次小福「態度不好」的時候，以一種跳出狀況的方式與兒子講話。

比如上次餐廳吃飯，我們因為看了一部日本短片《理想的壽喜燒》，兩人看到菜單上有「壽喜燒」很高興的點了。可是這店家並非壽喜燒專家，所以跟我們看到的「理想的壽喜燒」很不同。

當時我興匆匆的問了店家有沒有牛油，我要先塗抹鍋子以便先燒牛肉片，服務生覺得很奇怪，一時答不出來，就說要回去問廚房。服務生離去後……

你幹麼為難人家！
這是一般的火鍋店，
你這樣很丟臉!!!
你故意找碴！
別人都在看我們！
出來吃個飯你沒站在你媽這邊……
還嫌我

兒子又出現那愛面子的自尊心，惡劣的態度激怒我！但我當時沒有被自己怒氣影響，突然覺得這是一個很好的練習機會，我要試試別的方式。

好！你明理！
但，你不要用生氣的方式對媽媽說話，可不可以改別的方法？
改這樣
比手語
那是什麼

我比了一個自創的手語，在等待火鍋沸騰之前，我模擬著各種生氣的狀況，如何以手語表達意思，而不是以怒言相向。說話沒有辦法使事情更好的時候，讓我們用非說話的方式。

這就是「我不喜歡」
「可以小聲一點嗎？」是這樣！
「我不喜歡」這樣比，比較好
好啊，就照你的！
…原本的爭執就默默的消失了

拿另外一件事情來轉換情境我最會，但是指導孩子成為未來更好的大人，我沒把握。孩子的愛面子或是彆扭的自尊心，實在讓家長難以捉摸，我只能去調整衝突的當下有良好的溝通。

當然，我感謝兒子每次都在我的專欄裡擔任吃重角色….
稿子寫好讓他先過目，他同意了，才能交稿啊！
好啦！這樣可以

freestyle

17

不寫功課的實驗

四年級的下學期，我讓小福不寫學校的功課。「不寫功課」說來簡單，但是在「決定不寫」之前所遭遇的心路歷程，可是落落長的一段家庭衝突史。在取捨間的掙扎，對我來說是一個起伏很大的思辨過程。

你們台灣小學上學的時間那麼長，為什麼還有作業要回家寫？
這邊，功課是學習的一種，它是複習！懂嗎？
不懂
那，孩子回家後，還是在上學呀
孩子想做別的事怎辦

雖然我已經寫過很多文章討論「寫功課」的問題，但今天一定要再講一次。我曾經不斷的問我自己以下的問題：

7:40到校，一直到16:00放學真的滿久
小孩放學就是要運動，如果先寫功課，就沒時間運動！
那學才藝的是怎麼安排時間？
先運動就沒體力寫功課！
是我有問題不會規劃時間？還是我兒子有問題？
一整天都是學校時間，連一天的最後幾個小時也要做學校課業，不平衡吧？

為了家庭生活，媽媽希望爸爸不加班，回家以後也不要在家裡處理公司的事務，可是卻願意讓孩子在家裡繼續寫功課加班，這合理嗎？

先吃飯？還是寫完再吃？
為什麼很多國家的小學是沒有功課的？
重複練習是為了熟練，熟練是為了考試嗎？
功課寫不完要怎麼要求孩子分擔家事？
每天為功課吵架我都煩死了
你快一點
不是不寫，是寫超慢

我必須重新跟自己根深柢固的觀念搏鬥，比如寫功課就是複習，那是天經地義；比如按時完成功課是種負責的表現；比如別人都可以在時間內寫完，為什麼我兒子不行？他一定是不專心！可是，兒子如果不寫回家功課，特立獨行會不會被同儕排擠？

各種狀況都斟酌考慮過，最後我畢竟沒有選擇虎媽戰鬥式的風格。我的 Mother Style 相當溫和，就是站在兒子這一邊，從孩子的特質全盤考慮，把家庭生活做為放學後的主體。

而這些我覺得重要的事情，往往跟社會上既定觀念走相反的道路。我這樣的決定是好的嗎？不寫功課有這麼嚴重嗎？如果我把它當成一個實驗，看看不寫功課的孩子會不會不負責任？會不會成績退步？會把沒寫功課當成特權而言行惡劣嗎？

另一方面，我隱隱感覺兒子上學期的近視度數加深之快，跟寫功課有關，如果不寫，會不會減緩度數增加？我想實驗看看，反正如果失敗了，那也是我的事情，我們自己承受結果。

一切想清楚之後，我很誠懇的跟老師做了協調。

對於我這種體制內卻又不想完全接受體制規則的家長，老師勢必也有他的困擾，但至少兒子的導師願意接受不寫功課的要求，親師間以合作的方式來觀察孩子的變化。

老師....那個....你也知道小福的狀況....寫功課對他壓力很大...
可以嗎？
我想....不寫，多一點家庭時間！
都講到這樣，我能說不行嗎？
以上課認真聽講來交換，好嗎？
導師

從此後，每天回家都很開心！
你也吃太多了吧！留一點給我。
媽媽做的菜太好吃了呀！
……聊天……
……扯淡……

剛開始不寫功課的那一個月，幾乎是孩子表現最棒的時候。我可以看出他從國語、數學的作業中解脫的輕鬆感，半夜咬牙的狀況大幅減少，還會幫我澆花、排餐具、收桌子、主動去洗澡⋯⋯以前這些事情都要一直催促，功課寫不完的狀況下還不敢要他做家事，免得衝突更大。

總之，過去一回家就開始吵架的情況不見了！

當然，接下來幾個月的發展也沒那麼神奇，沒功課的兒子讓我生氣的事情還是陸續發生，但孩子的身型從瘦弱到瘦壯，體重在下學期也出現進展。身為媽媽的我能看出心情放鬆的兒子，在拋去功課的顧忌之後顯現在健康上的表現。

別人的孩子或許對功課並無排斥感，但我兒子就是這一關很卡。相較之下，我們似乎有太多作業沒有參與，學期末的考試就成為這個實驗最具體的結果，到底跟同學差距有多大？

學習成果的好壞，成績會明白的給你答案。

從來沒有如此積極的想知道成績……
快說！幾分？
幸好！
你看，就是要上課專心，考試細心，就會考很好！
這次數學91，英語100，其他有90幾，也有80幾……
沒漏氣
呵呵呵

知道成績還可以，並沒有退步的情況，母子兩人非常高興，以為實驗已經成功了。學期末的最後一天，我特別去找導師表達感謝之意。一直等到暑假過後，我想起兒子的近視度數，不知道會不會因為暑假大量玩電玩，而出現不可控制的度數！開學後沒幾天就拉著兒子去驗光。

驗光前……

如果,你這次給我多出50度!
你就慘了
完蛋了。。。

結果……

還不錯喔!
跟上次驗出來的度數一樣,有一眼還減少25度!
真的!
有這種事?
!!!

一切都沒有什麼不同，電玩甚至整個暑假都過量了，怎麼會這樣？到底是為什麼呢？

媽,我玩電玩沒有少,唯一不一樣的是沒寫功課……
是這樣嗎?
實驗結果太驚奇了……
真的?假的?

這個實驗原來一直到驗光之後才算完整結束，實驗結果也讓我們母子非常驚喜。於是那一天晚上，我們母子為了慶祝度數減少而去大吃了一頓，這比考試成績還讓我們高興啊！

freestyle

18

媽媽使用手冊

我的兒子是一個會專心看使用手冊的男孩。不管是桌遊的規則、樂高的指導小冊，或是電器用品的使用手冊，如果那個物件是他必須使用的，他通常會先看使用手冊來全面理解。

嗯！這給了我一個想法……

來要求他寫小福的使用手冊，這樣好像很好玩……
自己寫的規則不能不遵守！
Good idea！
也可以藉此看見自己的個性……

於是我跟他說：「我不想常跟你吵架，我想要好好的對待你，你一定有自己個性或做事方法的標準。乾脆，你寫一個小福使用手冊給我，我以後就照這個手冊來跟你互動。」

這麼成熟理性的與孩子溝通，可以說是我的優點，但是我的理性遇到孩子的任性，也常使我失去準則，媽媽可能出現的暴怒、專制也會在我身上出現。所以我不敢說我有「理想的母親形象」，甚至我常常覺得自己不理想。如果我跟兒子之間有一份使用手冊，那也許對彼此間的關係有些幫助。

我不會寫啦！而且我不想被你控制！
拒絕
NO!
什麼！
不覺得媽媽的idea很讚？？!!
遇到孩子不順從我就不理性的生氣了！

也沒錯，我的提議對孩子有點難，他怎麼知道「兒子的使用手冊」該怎麼寫？而且寫出來自己就得遵守，等於被媽媽控制。

這樣好了，以身作則！
我先寫父母使用手冊中媽媽的部分。你就依照「媽媽使用手冊」來使用媽媽，OK?
OK?
好啊!
我媽好愛發明遊戲

於是我開始思考，孩子面對媽媽時要如何加以「使用」，才會賓主盡歡親子和諧？我到抽屜裡翻出了一本十二吋DC遙控電風扇的使用手冊做為範本。

一打開，便發現「使用說明／附保證書」。

對，要先給保證！

喝了一杯熱茶細細思索之後，我寫下以下句子。

使用手冊

本產品在正常操作下，可使用一生，直到產品壽命耗盡。

本產品提供母愛，此功能不會改變，但依使用者成長狀態隨著時間調整。母愛的主動協助功能為期15年，15年起至18年期間轉為被動協助，此18年間免費提供母愛。18年以後，若未按照本使用手冊使用之，或因故意或任性過失而產生的故障或損害，則不在保證範圍內。

有時候孩子的忤逆真使人心寒……如果真的太過分18年後不在我的保證範圍內！

光是附保證書這一項，我就花了好長時間思索。到底我能保證到什麼程度？母愛有極限嗎？我的極限那條線要設在哪裡？

翻開電風扇使用說明，第一頁先看到的是「安全說明」。真正的操作方法都還沒開始呢？就先來個安全說明。

也對!
先把對使用者不安全的事項寫在前面。
媽媽的使用說明竟然參考電風扇的!

於是我畫下三角形驚嘆號標誌，開始寫下安全方面的事項。

安全

1當本產品過度使用，已疲倦、變臉、說話聲嚴肅時，請務必回到注意事項第一條，以避免產品爆炸。

2本產品雷達感應能測知使用者說謊，請務必誠實以對，以免本產品出現短路火花。

3惡意違逆產品使用規則，破壞、傷害產品愛心，將導致產品失去功能。使用者應以雙倍努力用心保養，否則長期失去功能，將導致使用者內在失去安全感而埋下成長陰影。

媽媽不是給你們隨便用的!知道嗎?
是的,我立即清除錯誤,用心保養!

寫了三點之後，進入產品說明的內容。老實說，這真不好寫，也是我拋開情感包袱，重新看待自己母性功能最物理化的表現。

呵,這麼厲害!物理兩字都用出來了!
這是當然!
很…難
你現在去查一下維基百科「物理學」怎麼解釋,
順便又機會教育一下

接下來進入使用手冊最重要的功能介紹。

使用手冊

本產品的主要功能為母愛的傳達，母愛能達成使用者生活上的協助。

實務上包括洗衣、吃飯、接送、照顧病痛、經濟供應、遊玩。情感上包括理解、安慰、鼓勵和安全感。

使用步驟呢？
感覺這本使用手冊寫出來……會很大本！
專欄空間快用完了，我先寫注意事項就好！
物理

注意

1本產品隨時可能爆炸，但爆炸前有相當長的警戒訊號，請在警戒訊號發生後，盡快依照指示完成任務。

2本產品內建智慧功能，使用者不依使用規則之前或之後，必須向產品說明原因，理由充分時，本產品將持續供應母愛中的理解和安慰。

我知道你的意思了！
好了，好了。這樣就夠了！步驟也不用寫了。
媽就是喜歡玩這些遊戲…
別忘了，你也要寫一份小福使用手冊給我喔！
呵！是兒子煩我？還是我煩兒子呢？哈…

這一份使用手冊不能算是教養的方法之一，應該算是親子在生活中溝通的樂趣吧！

freestyle

19

你這是什麼態度

在不久之前，我意識到一件事——大人責備小孩常用的那句話，是沒用的。

哪句話？
只有句話而已嗎？

絕對不要對著孩子說：「你這是什麼態度！」

你這是什麼態度！
態度？態度要怎麼講啦！
就是你說的話，我不想聽而已！
又來了

這句話一出口，彷彿父母招數已盡，孩子那一方叛逆不聽話，大人這一方也沒轍了！無法以理服人，最後只好像個無能昏君，挾權力向下指責，祭出法統說：

「血濃於水啊！我是你父母，你得尊敬我，你這是什麼態度！」

一個英明的媽媽，怎麼能落到這步田地！怎可以權威逼迫孩子……
這樣就輸了！
不
我絕對不再說這句話！

當然是因為這句話我用過好幾次，脫口而出的結果就是母子翻臉！而我心裡隱隱感覺有些不對……某天，我頓悟了。

看看你！你這是什麼態度！
你看你自己，你又是什麼態度？

碰
啊—
我的態度……是什麼？

是啊！我是什麼態度。我當然是生氣的態度啊！這需要問嗎？

我當然是高高在上一副指導者的態度！面對被指導者不服氣的叛逆，不僅無法改變對方想法，還突破不了問題點。硬碰硬到最後著急了，才會說出這一句話。

媽，你可以告訴我你的態度是什麼？
呃……
對，媽媽態度不好……不應該語氣很壞。可以好好說的事，不必生氣。

一旦被大人責罵「你這是什麼態度」，孩子絕對不會回答你是什麼態度，因為這個問題太虛太難回答，也就是說，大人憤怒的丟出一句得不到答案的問話，這等於是無效的生氣。同時也把孩子惱怒到極點，接下來溝通的管道被這句話打了結，怎麼講都不通了。

通常，大人說出這種話之後，我們一定答不上來的。所以，這句話之後我們除了擺爛……
還能說什麼？
煩死了！

面對孩子的問題，理性的大人們也常說：「○○××不是最重要，重要的是態度。」許多教養的文章也提到「態度」的重要，但是現在我對態度兩字很敏感，

我自己也想問態度的實質到底是什麼？畢竟我帶的是個性實事求是、必須說理具體的男孩，如果用太模糊、太虛幻的字眼，男孩掌握不住我的提問。

人們所謂的態度就是……你們當孩子的要有像我們狗狗一樣的可愛特質……
那是什麼？
叫你過來就過來，叫你坐下就坐下。還要有積極和熱情。不可像貓，愛理不理是不行的！
也不是這種意思！並不要求你們處處討大人歡心！
NO!
態度真的很難講！

我當然認為態度很重要，大人所謂的態度，無非是希望孩子尊重人、事與物，希望孩子在我們懇切的教導中，誠意接受我們的意見。此時若孩子回應以霸道、輕浮，求好心切的父母又如何能冷靜！

可是我已經告訴自己，絕對不能簡略的以「態度」兩字訓誡小孩，在我脫口而出「你這是什麼態度」之前，我自己得先抓住情緒，換一種說法……

你這是……
換
……生氣！你好好講原因
你這種方式媽媽並不能了解你，只會惹我……
好啦！

日常生活中，我跟兒子經常在對話裡有彼此激怒的時候，或許是我太累而暴躁，或許是兒子覺得囉唆而答話輕率，可自從我禁止自己說出「你這是什麼態度」之後，幾個月下來，我感覺兩人相處進入了另外一種層次，彷彿一切都能協調，不被一時情緒搞砸。讓我懷疑自己，會不會一直是家庭戰事裡挑起爭端的一方？

媽，我覺得你講話可以不需要生氣，我就能了解你的意思。
你不要我生氣，就把每天自己該做的事做好，我就不會生氣了呀！
……和諧……

雖然是我改變說話的方式，結果卻是兒子學會在衝突前拆解問題和情緒。有時候他比我還看得清楚媽媽的焦躁，表現得比我還冷靜。

這東西怎麼還丟在這裡？
講幾遍了！
媽，你這句話有怒氣！
你心平氣和叫我把便當盒拿去洗就好了！
不以「態度」責備孩子之後兒子變得比我還理性……

FREESTYLE 4 TALK

為什麼生氣

會對孩子生氣，其實都是內在焦躁在主導，並不是小孩的行為有多惡劣。

同樣的事情發生，有時候很憤怒，有時候卻能好言相勸，像我工作多的時候，就特別容易對兒子發怒。

小孩是我的心緒檢查器，常生氣的時候我就知道自己的心亂了，生活不平衡了。小孩讓我生氣有很大部分是我心的反射，是心緒檢查後的結果報告。

freestyle

20

扭轉霸凌

只要是學校，就有或大或小的霸凌事件傳出，我兒子也經歷過，只不過當我知道的時候，被霸凌的兒子已經自己都處理好了。

吼！又不嚴重！
而且後來就變成朋友了啊！就不要講了。

事情是這樣的。三年級的時候小福回到法國念了一年書，就在暑假後剛開學不久的第一個月，有一天他回家告訴我……

媽，我在學校講髒話了！可是，我是被逼的。
為什麼？

原來班上有兩個同學看他有亞洲人混血的外表，法文也不是很溜，知道他在家裡講中文，於是從開學第一天就一直逼小福教他們講中文的髒話……

呸蛋！你講不講中文的髒話？
講啊！
啊 能講嗎？
敢不敢講？
不敢講就是孬種！

被逼了幾天，小福終於還是低頭。於是講了髒話的那一天，回家向我請罪。

你！怎麼這麼傻？
來，媽教你！
反正他們也不懂中文，你就隨便扯呀！
你可以講「高麗菜」啦！「哈密瓜」啦！語氣凶一點就像髒話了呀！
啊！
也對。
都沒想到！

在法國，學校沒有什麼功課，上學的時間也比台灣短，小福看起來過得自由自在。可是這一年算是他第一年正式在法國接受國民教育，事實上小福還沒正式學過法文，這一年只憑著普通口語對話的能力，就立即加入能看能寫的三年級班（CE2），天天在大量法國語、數學、地理等項目的學習中，上課壓力並不小。所以我一直擔心他萬一沒有交到朋友，那麼，連下課時間都會很煎熬。

尤其有一次他跟我說，下課時不知道要跟誰玩，就坐在戶外的長板椅上，才剛坐下，馬上有一群女生過來跟他說：

這不是你們班上的椅子。
這裡是我們班的。
起來啦!
啊?

我一聽，感到非常心疼，我問他後來怎麼辦？小福說：「就去靠著樹啊，反正靠著樹跟坐著沒兩樣！」

我心裡的憂慮頓時轉了彎，孩子如果自己能在艱困的環境下，找到一個安適的位置，這就是他應付世界的能力，孩子若擁有這種能力，家長又何須擔憂。「沒有椅子就靠著樹」，多自在的心態轉換，這樣很瀟灑啊！這種個性很好啊！不是遺傳了我嗎（往自己臉上貼金）？

那……你會不會很難過?
哪會? 別人的就還他, 我就去靠樹。靠著樹就沒人說樹是他們的了!
那個petit chinois 是新來的……

不過，這些事情，我也告訴了爸爸。爸爸非常生氣！

誰？
哪一個逼你講髒話？誰逼你不准坐？
告訴我！
明天放學我去接你，你跟我講是哪一個？
我瞪他！
嗯……鄭阿妹德和馬克斯……

爸爸阿福完全展現了復仇心態，放學時很準時的在校門口等，孩子們一出來，他很幼稚的做了這樣的動作。

放學
學校圍牆外
我兒子是有老杯的！你們給我注意一點！
兒啊，把拔在這裡！
瞪
咬牙
瞪
哪一個？

不知道爸爸警告的眼神是不是遏阻了小福周邊想對他霸凌的同學，還是小福已經上學一段時間，同學不再視他為外來轉學生，總之接下來的日子，我看他每天回家都滿快樂的。

學期一直到冬天，我讓小福戴著我幫他勾織的毛線帽。那是一頂有點雷鬼色彩的帽子，很顯眼。也不知過了多久，我突然發現，帽子變得很髒。

你怎麼把帽子弄得這麼髒？
不是我弄的，是莫阿妹德和席林，他們每次都要抓我的帽子……
……然後丟在地上踩，每天都被踩帽子，就變髒了！
啊！這不是霸凌嗎？我要跟把拔講！
叫把拔去找老師！

說完，小福立即阻止我：「媽媽，沒關係啦！他們現在已經不會踩我帽子了，我們變成朋友了啦！你不用跟爸爸講。」

原來，在學校下課時間，小福的帽子的確被同學抓下來踩了好幾次，後來他發現只要跑給同學追，同學追不上就沒辦法抓他的帽子。

反正下課就是要跑來跑去，我就當做是"鬼抓人"一直跑，遊戲也要跑嘛！抓帽子也是一種遊戲啊！
哇！你好會想！
而且，他們跑久了，覺得很好玩，我們跑到最後就變成朋友了！

我聽完，真的很慶幸兒子有扭轉霸凌的天分，能自己化解危機，而且把危機變成轉機。

他在班上這種瀟灑又搞笑的個性，很快就有了死黨好友。

當然被踩帽子的事情，我還是告訴了爸爸阿福。

兒子真的很不錯，我們以後都不必擔心他在同儕間有什麼問題！
不！我還得去學校接他幾次！
我會好好的瞪著那幾個抓帽子的！
我兒子是有老杯的！你們照子給我放亮一點！

freestyle

21

小孩的事小孩自己解決

寒假剛開始的幾天，我們幾個媽媽一大早各自把孩子送到冬令營之後，約好一起去吃早餐。但，一同前往的三個媽媽中還挾帶了一個老歐麵。

老歐麵，小福的同學。雖然是小五生，但喜歡和大人聊天……

大家好！
我媽過世了，所以，有3個同學的媽媽偶爾會陪我聊天。

在舒適的餐廳中，我們打開話匣子，但話題總離不開孩子的事。這回我們討論的是Y媽的兒子——一個經常被欺負的天真、單純的男孩。事件是前一天，我兒小福的便當被Y孩弄翻了，卻被另一個孩子趁機責罵，於是又產生了另外類欺負事件。

我只希望他們同學之間能成為朋友，不要互相攻擊……
嗯。
所以，我打電話去問那小孩……
小福說……所以，我覺得……
大人該怎麼做呢？
我

聽著我們三個媽媽的各種觀點卻一直插不進話的老歐麵，臉色愈來愈難看。

讓我說一下！
STOP！
我跟你們講……
我知道怎麼處理！

每當老歐麵想打斷我們話題的時候，我們三人卻一直忽略他，不然就是要他等一下再說。

媽媽們……
你們解決問題的方向全是錯的！
聽我說
自顧自的講
……
老歐麵，你等一下！
不理

三個媽在你一言我一語的循線討論或是向上追溯問題源頭時，個性反應激烈的老歐麵，突然就爆發了！

停
你們根本不懂小孩！
嗚嗚
竟然哭了
???
嚇到媽媽們……

剎那間，我們這一桌的聲音靜下來了。

我活在小孩的世界，我知道怎麼做！你們大人只會把事情弄得更複雜！
而且，不能解決根本的問題!!!
那一桌是怎麼了?
哭了?
怪小孩
其他客人
小聲一點…

老歐麵在同學當中一直都是相當超齡的孩子，一年級時就自稱old man，在學校裡，常常衝撞不合理的事情。即使是經驗嫻熟、EQ高的老師，都難以應付他的叛逆思考。

我不是叛逆，
委屈
在班上有點孤獨
我是……講道理

靜下來的媽媽們其實不是不想繼續話題，而是在一種備戰狀態，我們也擔心老歐麵情緒潰堤。總不能把人家的孩子帶出來玩，弄到哭，很難幫人家帶回去啊！終於我們仔細聽這個孩子的意見。

丫孩如果能承擔這種欺負，家長何必伸手進去擾亂？這是我們小孩該面對的自我訓練！
如果他真的受不了欺負，他會反擊、他會求救，你要讓他知道自己吃虧的界線在哪裡，你在他沒有反擊之前就幫忙，只會讓他長不大！
可是丫孩，他個性太溫馴，我也只是幫他打電話問……
媽媽的正常反應呀！
我是小孩
我知道小孩的世界！
你們是用猜的！

我立即明白，這孩子要我們不要過度的猜測，也毋須提前伸手為孩子準備更好的方法。

每個小孩都不同，不是每個小孩都像你一樣強勢，你知道嗎？
對呀，所以你要讓他練習，要讓他自己處理，不然你能幫自己的孩子幫到幾歲？
你可以站在他那邊，但不要伸手幫他做！
我的問題不比丫孩少，我都自己面對啊！

很早就意識到自己的思維可以跟大人平起平坐的老歐麵，畢竟是個小孩，所以討論的過程中缺乏大人的圓滑，很衝、很直接，一時之間讓備戰的媽媽們都啞口無言。

我懂你的意思，放手是訓練孩子變得更堅強的最好方法！你看到的是根本的問題！
我自己也很難做到
快！別哭了，別氣了！

我立即拋出這一句來圓場，畢竟我是大人，我知道安撫孩子要先站在他的位置上。老歐麵的怒氣稍微下降，接著我們又討論了孩子與孩子之間個別的差異——天生溫和弱勢的孩子，我們是否真的能完全放手。

我們真的能從根本來幫助他人嗎？

這也是我心裡一直問我自己的疑問。就像我們為那些在家裡受到不平等待遇（甚至家暴）的姊妹們感到氣憤，但是我們插手的幫忙幾乎是無用的，全都得靠當事人自我醒覺或是發自內在想改變，只有從自我出發的力量，才是根本解決問題的方法。

你幹麼插手大人的世界啊？大人是依賴著管小孩來證明自己的存在。
而且，這種事，有什麼好哭的？
你不懂啦！
哼！

freestyle

22

媽媽的低潮

前幾天去把頭髮剪了，是什麼原因？我也說不上來。大概就是對於自己的一頭亂髮必須天天綁起來這樣的事情，覺得厭倦了。

一早忙著準備小孩上學，盥洗中看到自己頭髮的瘋樣……唉！梳也梳不好，更沒時間吹整，最方便的方式就是整個綁起來。

綁起來吧。
哎……
……10秒結束……
勉強啦！
小姐時光，遠逝……

送完小孩回到家裡，不是繼續把家事做完就是埋頭寫稿（有啦，有時候會鑽回棉被再睡一下回籠覺），反正人都在家，頭髮就此放任也不再重新整理，每天就這樣頂著糟頭過日子。

天天這樣邋遢……到底是不是對自己還有期許？
剪?!
剪了會比較好嗎？
猶豫……
長髮至少還有綁，這個治命的選項！

剪髮有一種「update」的意思在裡面，大概是最近當媽媽的生活當到倦怠期了，想重整一下態度。

我那一頭難整的花椰菜頭跟照顧孩子的例行工作一樣，都需要天天面對——注意整體、調整細節，有時候加一點花樣，弄到好要有耐性……這麼說來，我的育兒生活跟這一頭亂髮，兩者是如此相似！

前一天洗完頭吹乾時，
還不錯。但睡醒後……
隔夜
又是
一樣亂！
上午還好乖的模樣，下午就
一定會有什麼事情激我生氣。
隔……
2小時
我要講幾遍！

我對長髮感到厭倦，某天下午買完電蚊香補充液，往美容院直去。不囉嗦，一下子剪成短髮。

當天去接小福時……

嗨，媽來了！
你有沒有發現……
你太早來了，
我還要玩！
喔！
對母親視而不見！
悲……

並不是因為小福對本人毫不關注而引發怒氣（先聲明，我沒有那麼小心眼），而是一回家，母子依舊不斷重複一樣的八點檔戲碼，劇情每天都差不多。

跟你說過
幾百遍!!!
回家後衣服先
脫掉，不要穿上床，很髒！
便當要自己拿到洗碗
槽，不要每次都我拿！
去洗澡、不要拖！
哉啦……

於是，跟突然剪髮一樣乾脆，不囉嗦，一下子我從充滿同理心的溫暖媽媽，變成不聽孩子一句解釋的冷酷阿母。

你夠了！
現在開始，一切請你自主！
這一集之後，也改變造型！

我冷靜的撂下狠話：「我不會要求你睡覺，也不會叫你起床，要不要洗澡自己決定，聯絡簿你拿來請我簽我才簽，便當盒你請我洗我才洗。要上學之前如果你沒有叫我開車載你，你就自己走路上學。」講這段話時，我彷彿換了一種個性，兒子半信半疑，看著我。

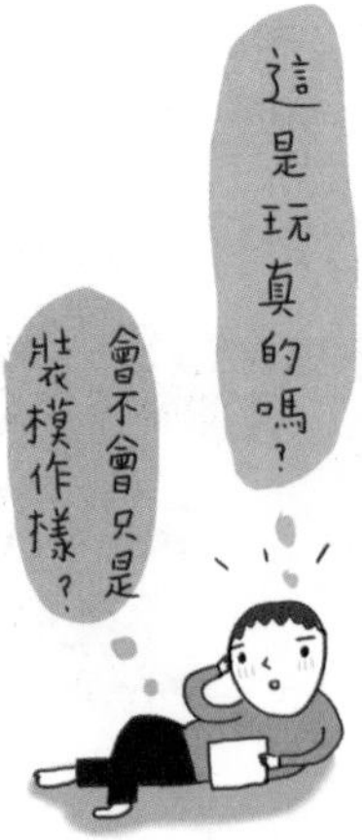
這是玩真的嗎？
會不會只是裝模作樣？

低潮期的我講完以上這段話之後就不再說話了，如果孩子把媽媽的照顧當成一種工具，那我就來當個名副其實的「工具人」，被動的聽從孩子的指示就好，何必主動用心！哼！

這不是跟孩子冷戰，是什麼？
爸爸也常遭遇這種狀況……
我們要聽話，才能化解戰況，你好自為之……

媽媽的工具人宣言表達完畢，頭一轉，我就去洗澡、洗碗、整理浴室，然後早早就上床睡覺。

小福見我跟平常不太一樣，東摸摸西摸摸後自己也識相的默默的去洗澡、換睡衣、整理書包，並且還知道在爬進棉被睡覺之前，把家裡的燈一一關掉。

我知道，這種不合理的轉變，實在不是什麼好方法！
很煩耶

沒有設鬧鐘，決定要直接睡到讓小孩叫起床。我要讓兒子感受遲到的原因是他自己，不是媽媽的責任。我知道我這樣很幼稚，但我還是讓這樣的情形，維持了三天……

媽媽，已經7:00了，你快起來……
請你幫我弄早餐再載我去學校。
媽！起來！
讓孩子遲到，來使他覺知自主自立的重要性……
這哪招？

剪了短髮，並沒有變得比較好看，只是找一個新表情度過煩悶的日子；換了對付兒子的態度，也不知道是不是有什麼絕對的效果，只因為相同的劇情演得有點不知所云，換個導戲的方式或許能激盪出新的體會。

我想，這是一種媽媽的低潮吧……
呃……你更年期吧？或是
月經快來了？
最近帶小孩，都沒新把戲了！

FREESTYLE 5 TALK

沒有一定要當媽媽

有人適合當媽，就一定有人不適合。不適合的人，如果不小心生了小孩，不見得要用標準的方式來當媽，那太難受也會痛苦，難受和痛苦只會使媽變得更糟。其實媽媽的樣子沒有標準的。

freestyle

23

父母管不管

我常回想自己成長的經驗，過去青少年時期的我到底是用哪隻耳朵聽父母的話？

我們給你任何長輩的建議，你就是會翻白眼，完全不聽！
你是一個懂事的小孩，但你不聽話！
像這樣

小時候我的確是很愛辯駁頂嘴的孩子，獨自一人面對外界時很懂事、謹慎，一回家卻不是個聽話的乖女兒。

是遺傳自我吧！小時候，我常把我媽氣死！
兒子不聽話，應該是遺傳了我，我超頂嘴的！
母
父
Double

如果是像我比較多，我對兒子就有信心了。因為我是那種父母管得愈少，就會愈乖愈不用擔心的孩子。

如果能穿越時空，讓十三歲的我在今日出現，少女玫怡應該會展現出理性的態度，叛逆的說：「你們大人愛管的，可以說都是無聊的事情，多聽一句叮嚀，我就多一次厭煩，一心只想趕快脫離被管束的生活。」

出門要多穿一件衣服！
母親的叮嚀
哉啦!哉啦!
我又不是沒知覺，會不會冷我自己知道！

所以如果兒子個性像我的話，我必須學習放下父母的憂慮，把兒子逐漸「放生」。對可能遺傳了我這種個性的兒子來說，不管他，才是最好的管教。

當初事業太忙…
…被錢追得焦頭爛額…
根本無心力陪伴小孩…
爸媽辛勞！沒時間管我們，我們自己管自己！
自己讀
弟
自己來
妹
兄
自己做
姊
自己拚

記憶中父母忙於工作的日子，我還會幫忙管著弟弟妹妹。從少女走到熟女的這段人生中，我心中總是感謝父母曾經有一段失敗的事業疲命期，那段很長的日子裡，正巧是我們兄弟姊妹從國小國中，一直到成年的階段，父母沒空且無心關注孩子的情況下，我們反而因為沒人關注，而擁有自由自主的機會，父母的辛勞看在眼裡，自己知道得自立起來，不讓父母多費一絲心力，兄弟姊妹也因此變得團結。所以，我一直有一個心得是——管愈少，孩子才會愈懂得自立自制。

以上，以自我人生經驗為題的「不管」心得講得似乎有道理，但一實踐到自己的孩子身上，也不是非常實用。

等……

我菜都煮好了，竟然……
再忍一下！
還在玩！

再等……提示一下好了！不要用罵的，要溫柔的給孩子機會，讓孩子自覺……

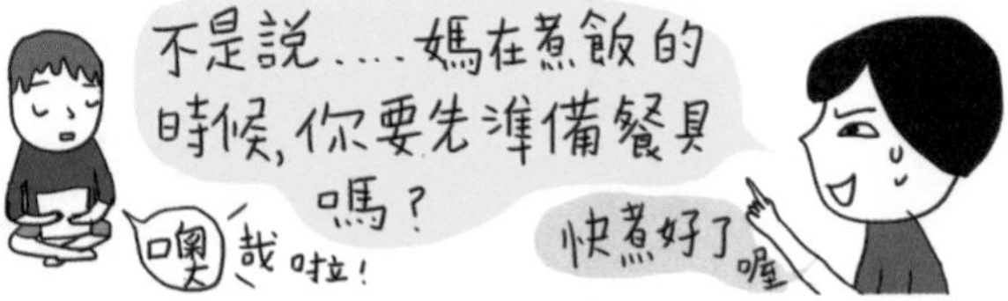

不是說....媽在煮飯的時候，你要先準備餐具嗎？
快煮好了喔
噢
哉
啦！

用心良苦啊！母親得示範一個好人讓孩子學習，這種事情總是一再讓我們做媽的放低姿態。家裡的少爺，你懂不懂啊？

「不管的管教」和「嚴格管的管教」，總是在我心裡掙扎著！

好了，要吃飯了嗎？
好了，上桌！
終於……
à table！

但兒子畢竟不是我，他是用哪一隻耳朵聽我的話？聽到父母的話之後，耳朵到心的距離、心到行動力的實踐度又有多強？這些還是跟我有差別。

我希望自己對孩子保持樂觀的信任感，讓他因為被尊重而學到自主自制。但兒子跟我的差別，讓我很難以真的保持樂觀……

好像有點……
畫蛇添足的囉嗦
吃完飯之後，知道自己應該做什麼嗎？
要做什麼我都知道，你破梗，我就不想做了！
我知道！你不要講

像這樣生活中的親子攻防拉鋸戰，沒有一刻真正放下，雖然我傾向孩子自由自主的教養，但事實上，每一根神經還是得拉緊，離真正放鬆的日子還有一段遙遠的距離……

不要下結論

兒子跟我互動的過程中，我要求自己不要斷然下結論。

我不會在小孩不做家事時說：「你看，你就是懶，長大家裡一定一團亂。」

不會在小孩跳舞跳得很棒時說：「你可以去當偶像。」

不會在小孩買遊戲時說：「你就是沉迷電玩。」

那是因為國一時期，兒子突然對心臟這個器官有興趣，常在紙上畫出心臟動脈、靜脈、心房、心室的剖解圖，跟我講解他覺得心臟設計如何奧妙。那時我帶著母親的夢幻想像，對他說：「哇！你以後可以當外科醫師。」

兒子回我說：「媽媽，你不要每次我做了什麼，就給我的未來下一個結論！」

那時我才發現自己有這麼無聊。

後來我會特別注意，不要斷然在孩子面前隨便下結論。這很無聊、不正確，也給他們帶來壓力。

但，如果是開玩笑的互相逗笑，是另外一回事。

拍我啊！

兒子，我拍你喔！

freestyle

24

媽媽的母親節

到今年為止，我已經以媽媽身分過了十次母親節。

這十年中收過幾張卡片，不過這都是學校美術課的作業之一，孩子依照老師的要求製作出卡片或是禮物，趕在母親節那一週完成，做好了剛好可以送給媽媽。

呵可！什麼是"剛好"？
卡片喔……
老師要我們做的，剛好可以給你！

老實說，我平常也不是什麼都沒有。有時候孩子突然很體貼、很聽話，那對母親來說就是一份禮物了。

比如某天我去睡了一個午覺起來，發現兒子默默將衣服摺好，碗也洗了，我醒來後也不邀功。像這種情況，對我來說就是一份驚喜的禮物。

沒有實質具體的禮物沒關係，體貼就是禮物.
微小的心願
你們小孩也太好當了！
是喔！

育兒教養的酸甜苦辣，為母者各個心裡有數。

一日的乖不是永遠的乖，母親節這一天，甚至送完卡片之後就不乖了。

我們雖然也喜歡收下母親節這一天孩子甜言蜜語的卡片，或是他們開出的溫馨支票（比如夾在卡片中三張洗碗券和五張按摩券這類的），但我們比較想得到的是孩子在平日生活中，逐漸展現一家人互動應有的彼此尊重。

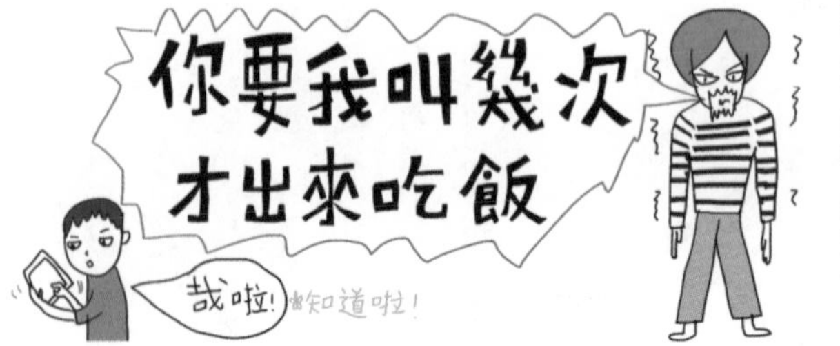
你要我叫幾次
才出來吃飯
哉啦!
知道啦!

母親節這節日當然有它存在的意義，但以目前的狀況看來，已經成為各行生意理所當然的促銷重點。

母親節
買一送一
難得
你一杯 媽一杯
我們根本不需要跟著商業促銷去表達心中的愛....
我跟你說喔....
是喔...
你媽媽不需要多喝一杯冰飲，懂嗎？

像我這種批判心很強的媽媽，忍不住的想故意忽略商業模式下的母親節。所以我不止一次的告訴兒子，這一天不必給我送康乃馨，不必跟著大家一樣拚命想在這一天表現什麼。

兒子的理解力還不夠了解我想表達的意思，對於社會氛圍營造的集體意識，我總是故意閃躲，所以他以為我不喜歡過母親節。

但學校還是有製作母親節卡片的課程啊！他還是得做一張卡片送我。

購買行為並不能代表親子關係能更良好.
我們要重視的，是內涵，你不必去學別人送禮物.
要愛媽媽，每一天都可以愛，不要管母親節是哪一天！
有聽沒有懂
所以....我媽不喜歡母親節？

母親節那個週日，我一早送他去踢足球，中午接回一起吃飯，下午三點再載他去跟同學一起打網球。

一直到母親節都過了的隔天，他從書包裡抽出一張卡片。

她不喜歡母愛比山高，比水深這種說法。
那我該如何比山低，比水淺呢？
我媽...好像不喜歡母親節......

媽，這你要嗎？
這是什麼？
喔，是卡片哦！
老師要我們做的……
剛好……可以送你。
好啊，我看一下！

卡片中，兒子寫著：

「媽媽，你不是不喜歡母親節嗎？哈哈，這樣我就不用做卡片了！兒子上。」

真是為難了我兒子！

好吧，算我這媽難搞，他可能還要長大一點才知道媽媽並不是討厭母親節，而是不喜歡盲目的跟著集體意識所創造出來的固定模式。

當然，母親節當天我也打電話給我媽了：

媽，晚上我煮兩個菜，帶過去一起吃？
喔……我們現在吃的口味跟你們不太一樣哦……這樣我會有點麻煩……

我媽這七十歲的老大人，也不愛勉強自己或孩子為了配合節日做什麼麻煩事。她說，大家都跟平日一樣平順過日，平安無事就是媽媽最好的母親節。

FREESTYLE 6 TALK

禮物

我不會因為過節或生日就買個禮物送孩子，我不喜歡遵守商人的市場操作。今天如果看到一個東西很適合孩子，我當天就買來送了，不會忍到什麼節日才送出。

我不喜歡等待或忍耐自己的歡喜。

freestyle

25

獨生子的任性

我只有小福一個兒子，他是家裡唯一的小孩，也就是常常被認為很自我、自私，不懂分享也不容易與同儕相處，被寵壞、任性的獨生子。

每個獨生子都不一樣！我又沒有那樣！
抗議
反對貼標籤
在外面沒有……
在家是有一點…

生一個，有生一個的機緣；生三個，有生三個的環境。我到了四十歲的時候才生一個，而且也沒有「生另一個來陪伴」的想法，所以自然的，我的小孩就是個獨生子。

但，我之所以不被「生另一個來陪伴」的說法所撼動，是因為小福的爸爸阿福就是個獨生子，而他最親近的愛咪表妹（也就是小福的表阿姨）也是個獨生女，我分別誠懇的問過他們，是不是曾對於沒有兄弟姊妹這件事感到遺憾。

獨女
Emi，獨生女感覺……？孤單嗎？
HA, HA
Non!
不會！
我一堆姊妹！
Emi是個大方有趣的阿姨，與朋友相處融洽！
你呢？
小學時候
有1, 2年會想有兄弟姊妹，但這感覺一下就過去了！原本沒有所以就沒有遺憾！
獨子

我觀察這兩個資深獨生子，都有一個共同特性——有知心好友並與同儕相處融洽。或許從小在家裡沒有別的孩子，他們更願意把真誠的情感往外觸碰，尤其是小福的爸爸，幾乎是以兄弟之情與他的朋友交往。所以我從小福一出生，就沒有煩惱過他有沒有兄弟姊妹。

　可是獨生子，畢竟還是跟不是獨生子的生活有很大的不同。

獨生子之家
一個人……
我沒叫他的話，他就一直專注下去……
（沉迷）
有手足之家
2個小孩可以一起玩!
2個小孩一起吵架!
孩子可以互相陪伴，我處理家事

　獨生子的生活經常是長時間專注同一件事，他有興趣的事物可以心無旁騖的一直做下去。永遠沒有一個哥哥來踢館，也沒有一個妹妹來打擾。（我們家也沒有貓狗寵物。）

　長久下來，喜歡什麼就不顧一切專注在有興趣的事物上，也不太主動與周遭互動。

　於是很容易被看成一種任性！自我！

先來吃飯
吃飯
我講話你
是沒在聽逆!
我行我素

但，在我天天深度觀察兒子的行為中，任性自我也並非完全不好。某方面來說，我甚至羨慕起獨生子的生活。

身為一個必須關照上下、顧慮前後並討好眾人的大姊（我有三個弟妹），成長過程中一直「必須與人共處」，尤其是女性、是大姊，行為上被期望不能任性；有討好他人喜好者，則更是受到讚賞。不知不覺就壓抑了原有的個性，或是天馬行空的想法。

我羨慕能沉醉在自己世界的獨生子
雖然是很不聽話…
但，發展了自己…
全心
全意
迷Acappella，自己錄音

有兄弟姊妹當然有許多好處，這是毋庸置疑的，只是我仍能在獨生子的成長中看到好的一面。我兒毋須與共同生活的手足比較學習成果，犯錯的時候也不能推罪於他人，表達意見時反而正直清晰，不拐彎抹角。

因為環境造就他「專注」重視自己的感受，所以從很早他就對自己喜歡做的，未來想做的事情有想法。

這讓我反思了自己這一生花了多少時間在找尋自己的興趣？花了多少力氣想排除他人評論的眼光？花了多少心思在妥協中掌握自己？

而我兒子卻能直接排除干擾，那麼明白自己想做什麼！這難道不好嗎？

任性、自我，放在追求理想、鑽研興趣上是一件很好的事情。每一個科學家都任性在他堅信的真理上尋找答案，每一個藝術家必須強烈展現自我才能達到完美的追求。

但是放在人際關係上，任性與自我當然必須修正，嚴重到成為固執、自大，是行不通的。

可是，很多獨生子女在家必須應付很多大人，所以見人說人話，很會拐彎抹角的。
所以，我不喜歡小孩討好大人！
我反而容易接受任性做小孩的小孩！

身為成熟的大人，懂事後的人生也過了三、四十年，經驗告訴我們，人世間總是一體兩面或是一體多面。孩子不愛聽話、意見多、我行我素，經常激得我非常不悅，但那就是他的自我意識益發強壯之時，如果能從另外一個角度來解讀，能放手信任，或許眼前任性的孩子會比幼年時聽話的我們，更早找到人生的目標。

好啦！我知道，你只有在家任性!!! 你就是一直在考驗我……
我哪會！
我跟同學都很好！
你不懂

孩子的任性，讓我重新看待一個靈魂該如何自在的成長……
我還是以信任孩子為優先
面對這些問題時，家長的寬鬆收放、分際拿捏，……真是困難呀！

freestyle

26

鬥智

帶小孩長大，有很多方法，不管是有教養理念做基礎或是以直覺為原則，真實的親子互動操作中，我說句直白的——

就是，
跟小孩.....
鬥心機啦！
智

與孩子鬥智的前提是，你必須確定自己的智慧比孩子高，並且要懂得運用時機。這有如孔明借東風，在天時地利中掌握對自己有利的題材來達成目標，所以它非常需要臨場的機智！

所以，這些年，我被訓練出臨場的機智反應……
看！這是什麼？我們來做老爺爺！
媽，很無聊……
←吸油面紙也能玩！

就說陪孩子下棋好了。跟孩子下棋表面上是一種訓練腦力的休閒，但我們非常清楚，孩子玩棋最常遭遇的是生氣翻桌或是自暴自棄。陪玩的過程中要讓孩子在輸贏中學會不驕不餒，做大人的要花比下棋更多智慧來處理。

明明是大人可以贏的局面，我們也要裝輸，讓孩子找到下棋的樂趣，輸幾回之後再贏他一回，在孩子能接受的狀況下調配輸贏，讓孩子知道勝利和失敗是交互出現在人生當中。

氣
敗了
不要玩了!
嗚……
你贏我好幾局耶,是我要哭吧!
沒什麼好哭的啊!
嗚嗚嗚……
裝的……

如果勸得動孩子面對失敗那還好，勸不動，就要立刻改弦易張，用另外的方法教他如何面對失落的情緒。

哭,你盡量哭!把頭腦裡的水都哭掉,等一下再玩就會贏,會變聰明
哭是很健康的哦!
來,1+2+3等於多少?
嗚
等於=6
看!變聰明了!有沒有!
話轉得多好!

陪孩子玩、陪孩子讀書，哪一項不是盡心盡力、步步為營的引導著，費盡心機的希望他在其中得到樂趣並兼重學習。又要讓他自由發展出個人潛力，又不要他因擁有太多讚美而顯得目中無人，這一切都需要與孩子鬥智。

再比如說，最近我兒子開始願意進入廚房，這也不是用正常的方法去帶他。向他示範做菜的趣味，跟他說食物有多好吃，料理有多好玩，這些正常的方法他都興趣缺缺。

希望他能在家事生活中多一點學習，我只能耍些心機，不斷的嘗試，直到有一天他上鉤。

我的東風吹來……
媽月經來了….
很虛弱….不舒服.
其實沒那麼虛,但得加強演技'
我沒辦法準備午餐,你幫我煮一鍋水,好不好?
喔!
好呵!

知道孩子會同情媽媽，把沒有那麼嚴重的事情搞得很嚴重，孩子就被騙進廚房了。

媽!要用什麼鍋子?
要加多少水?
很認真…
白色那個!
裝一半再多一點點!

假裝自己很弱，把孩子的責任感拉起來，這處心積慮的安排雖然有點小人，但委屈自己成為小人，也是一種智慧。

等兒子把水準備好，事實上我又擔心他不太會開瓦斯，媽媽我還是必須進入廚房一趟。

等兒子順利開好火，我就趕快讚美他：「你好棒，你會煮開水耶，我都不知道！」這種話，明明就很諂媚，但母親的智慧不就是用在讓孩子順利學習成長？諂媚在這裡，完全是用心良苦的表現。

諂媚的話，對任何人我都無法順利說出來，但是對兒子，諂媚成了我與孩子鬥智的法寶。

媽，你還好嗎？
我忍耐一下，沒關係…
來，你開瓦斯，我手沒力…
有沒力到這種程度？
我會弄啦
謝謝，幫了媽媽的忙！

就這樣，一步一步順著狀況，讓孩子進入我預想的目標，練習了第一次煮水餃。他也發現這件事並不難，而且可以幫到媽媽，對於自己能獨立煮一餐午飯，充滿了信心。

媽，水要怎樣才算煮好了？
有冒泡泡就可以！
呵！
…不行了，我要去躺一下，你把冷凍的水餃拿出來煮，會嗎？
OK OK!

所以說…家庭教育充滿了臨場反應的機智，那是一個鬥智的擂台，家家有它一套獨特的打法！
兒子們在小學階段，我還鬥得過他。趁這段期間，要出招快!!!

freestyle

27

孩子的謊言

回想小時候，其實我算是個會說謊的小孩，尤其是小學，說謊的記憶很鮮明。我曾經因為沒有抄整份考試卷而說謊，被老師罰也被父母責罵。以我小時候愛面子的個性，這個處罰讓我記憶猶新。

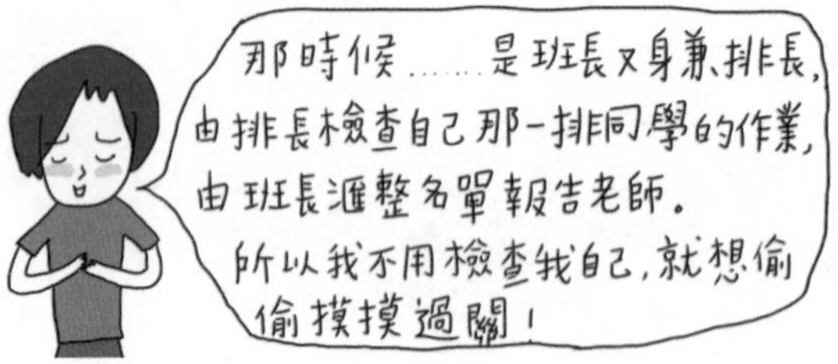

那時候……是班長又身兼排長，由排長檢查自己那一排同學的作業，由班長匯整名單報告老師。所以我不用檢查我自己，就想偷偷摸摸過關！

小時候的我不知道抄寫考卷的意義為何？（明明都懂了為何要抄一整份？很多耶！）

不想花那麼長的時間抄寫考卷的小學班長兼排長，心機一動，撒個謊有誰知？

孩子的謊言，大人看得出來，即使一時沒有察覺，也會有同學告密。

老師！徐玫怡同學沒有抄考卷！
班長自己也沒寫
站起來 沒有寫功課的！
被發現
我
未寫功課的名單
我有寫！但是被我弟弟撕破了，阿嬤不知道就....丟了！

可是在那事件之後我卻沒有真正的改善，還犯了不被人知的第二次、第三次。

口齒伶俐的小女生很容易在重述事實的過程中顛倒黑白，選擇對自己有利的說詞……

說來，我小時候、
真是個心機很重的女生啊！
狐狸的尾巴……
可是為什麼
現在變成一個
誠實正直的人？
WHY？
自問

在班長、排長這種班級權力結構下，讓我體會到「權力位子」的邪惡性。所以在現代的政治文明中，有權力的人必須相對有監督的機制，這一點我從小學的親身體驗中隱隱得到這樣的認知。

不過，我最深刻的體會則是：「孩子為什麼說謊？」

在大人無法溝通的狀態下，
我們能說什麼？只能說謊了！
小
孩
們

國小國中有說謊的印象，但，十五歲北上念書的回憶中，自己竟只有純真正直，我不記得有需要說謊的時候。

專科學校不太管學生，爸媽都在南部，老遠！
我要自愛！
我不行耶！
不想蹺
爸媽會
擔心……
點名完，
就蹺課，
如何？
同學

這經驗在我成為母親之後，一直反覆在心中咀嚼。「沒人管卻誠實了，有人管反而愛說謊？是因為愛說謊才被懲罰？還是因為怕懲罰才說謊？」

孩子的謊言只能運用自己有限的人際認知，在避開不利的角度下，不透露內心慌張又必須擷取部分事實來編造有頭有尾的故事，並且要能說服人，這過程其實是一種作文練習。

要把故事說好，真不簡單，還要人信服，要編得很好才行！
天啊！
你這樣說作文老師會不會投訴啊！
可是……聽完竟有安心的感覺！我女兒可以走編劇路線……

說謊的小孩勢必在腦中有著龐大的計算，這是不可忽視的聰明。那我們大人是不是有能力讓這個聰明單獨茁壯，而不要伴隨著謊言呢？

當時是小學生的我，帶著不解的態度懷疑抄寫考卷的意義時，如果有一位老師願意跟我討論、願意從孩子的角度聆聽、不帶權威壓制，如果有這麼一位老師，謊言或許就不存在了。留下的可能是讓孩子清楚表達意見，並且訓練思考邏輯的教育過程。

但，沒有這種老師呀！
過去那戒嚴時代，幾乎是不可能的！
絕對的權威下，充滿了謊言啊！
沒有辯解的可能！
違反規定就是錯！

面對自己的兒子，我很清楚孩子說話時避重就輕的特性，所以當兒子在解釋發生了什麼事情時，我心中總是勾勒不同的版本。當孩子說老師如何不公平的時候，我不會真的認為老師不公平，當孩子說同學如何不好的時候，我也相對的持保留態度，搞不好我兒子也一樣不好才會引發衝突。

那....你不相信孩子的話囉？
不，我相信孩子，所以要引導他把真正的感覺表達出來。
謊言是因為怕被罵而做出來的表演！

發覺孩子出現謊話的時候去懲罰他，不如帶著同理心與開放的態度讓孩子說出自己的想法，讓他懂得與大人溝通，主動表達真正害怕的糾結點。

我這改邪歸正的老小孩（而且歸得很正），在成長的轉變中體會出說謊不見得只有壞的那一面，能說謊的小孩有聰慧的特質，做家長的應該更細膩的對待，避免粗魯的懲罰。

媽媽，我想……你並不同意我這樣做，但我不得不跟你說……
你為什麼認為我一定不會同意？說來聽聽…
兒子如果做出可能會讓我生氣的事情都會事先與我討論，所以，也不用說謊了！

FREESTYLE 7 TALK

真實

小孩說謊的時候，一定是害怕什麼？想保護自己。會說謊的孩子是知道利害關係的，編故事有邏輯、聰明，所以我們也要聰明以對。

我不會去戳破他，但要讓他意識到媽媽是知道的。我會讓孩子知道活得很真，人才會快活，但說謊會讓人不斷掩飾，並不能讓你變得很真，說謊很麻煩，不要把生活過得這麼麻煩。

freestyle

28

孩子不體貼

我跟我妹都生男孩，我一個她兩個。三個表兄弟都是一個樣，經常活在自己的世界裡，比較不關心周遭環境。

不是不關心周遭，而是我們專注在自己想研究的事物上，你們不要常干擾我們！
阿公說…
男生代表
家族長老
我不是故意在性別上作文章，只能說這是吾家家族男性的特質！
歹勢

而我兩個弟弟都有女兒，年紀稍微大一點的姪女過年回家團圓時，我們都可以感受到姪女的貼心柔軟。與姑姑、阿嬤對話就是比較乖巧，與大人互動，常讓人覺得甜蜜。

我們不用幫他們綁頭髮，省好多時間呢！
好吧！
就當我們的男孩有專注力，他們的腦神經結構適合發展事業……
其實是…姊妹間的自我安慰

但，男孩的貼心也不是完全沒有，只是他用另外的方式表現。比如帶小福去買菜，他一定是先拒絕！

你要學會生活！而且，去買菜，很好玩啊
我不要去，那很煩耶！我在家等你。
好玩在哪裡？
不行，你得去！

像這種時候，我常感覺心灰意冷，去買東西怎麼不好玩呢？東看看、西看看，還可以買自己喜歡吃的，完全是很輕鬆的行程。

連買菜這種基礎的生活教育都無法教給孩子，我還能怎麼帶孩子學其他生活教育？是我不會教？還是孩子行為有問題？我到底是生了一個怎麼樣的宅男啊？

明明我本人就是一個熱愛生活的媽媽，怎麼一面對自己的孩子，空有絕招也傳授不出去？

和兒子一起買菜過程‥‥
你看這個，現在竹筍當季，最好吃….要不要？
你去幫媽找Mozzarella，我們來做蕃茄沙拉！
一人自High
啊！
喔……
無聊
行屍走肉般的跟著….

只要是購物行程，帶著小孩就會草草結束，小福對「買」、「挑選」很不耐煩，弄得我也浮躁起來。匆匆買完菜回家，又找不到停車位，只好把車停很遠，

此時很容易覺得生小孩有什麼用？想到這裡，心情差，連停車也停不好。

後面還有空間，再來，再來……
來，再來……方向盤轉另外一邊。
生小孩還是有用的！
OK！好！
奇怪？怎麼知道方向盤如何操作？是狂練馬力歐賽車的成果嗎？
母親的心情起伏好大！

車子在兒子的指揮下停好後，我忙著拉下大包小包的採購物，見兒子幫我把車鑰匙拔下，鎖上車門，交鑰匙給我，接著二話不說就開始提東西。

幹麼！誰說我拿不動！
我就是拿得動！
喂！這很重，你拿一包就好。
你才32斤，是要拿多重？

寫到這裡，真的不能說兒子不體貼了，只是他體貼的方式不在我的預期內。明明很瘦，卻硬要提重物；明明是小孩，竟能指揮交通，幫助我路邊順利停車。

我兒小福一向拒絕跟我去買菜，他要一個人待在家裡。我常常因說不動他，一氣之下就一個人去市場……

是的，我教孩子煮飯竟是以電話遙控以及網路視訊指導。

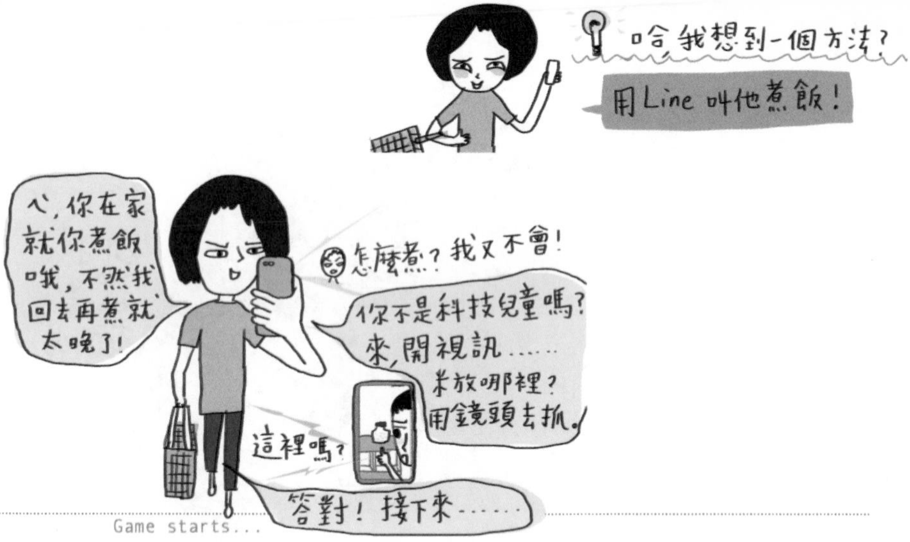
哈,我想到一個方法?
用Line叫他煮飯!
ㄟ,你在家就你煮飯喔,不然我回去再煮就太晚了!
怎麼煮?我又不會!
你不是科技兒童嗎?來,開視訊……米放哪裡?用鏡頭去抓。
這裡嗎?
答對!接下來……
Game starts...

通常在家要叫兒子過來廚房，他一定一臉不耐煩的拒絕（或無動於衷），然後我就怨嘆兒子不受教，他聽到我嘮叨，又更不愛聽我的教訓……總是這樣的惡性循環。直到發現用視訊軟體來遠端遙控，效果出乎意料。兒子就這樣與我保持合作，學會基本的煮飯操作。

我的畫面……
然後……按下去就好了嗎?
呵呵..好玩
兒子的畫面……
嗯,很好就是這樣!我快買完了,再一下就回家了,salut!

這幾年我逐漸認清帶男孩的期望，絕對不要放在女性浪漫的想像中。並不要他跟我做一樣的事情，要像公司同事一樣，各自有任務，把事情交代下去，他會把自己的任務做好。這就是我家小福展現體貼的方式。

…我跟你說哦……
才能夠
爸媽的愛都是靠孩子的貼心繼續強大下去…
你不要常跟我作對啦，不然我的愛會沒力氣好好對待你！
喔…
我常做錯，沒有常做對！
到底懂不懂？
啊！

互相幫忙

以前我兒子還小的時候，有人教我，小孩哭，不要去回應他；走路跌倒，不要扶他；在學校忘了帶水彩，不要幫他送去。

我懂這一套邏輯，但我不喜歡這樣對待小孩。

我喜歡幫助我的兒子，回應他的需要，填滿他的安全感。因為我喜歡人與人之間是互助的，不因為是親子關係就有所保留。吃飽了才能做事，愛滿了才能獨立。

有時候我丟垃圾，有時候兒子，互相，沒有一定是誰必須做。

freestyle

29

父子情

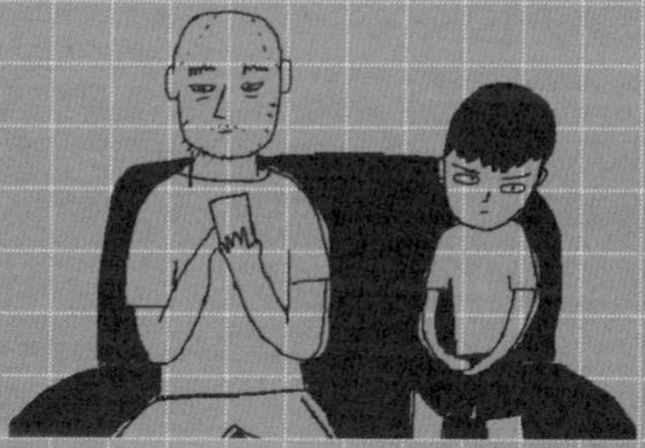

男

人之間的感情太奧妙，有深情卻又顯得冷淡，令人不解，尤其我身邊的父子們。

就拿我弟弟們跟我爸的相處來說，我看不出有什麼「有感情」的互動？但這並不代表他們關係不好或對彼此無感。弟弟們對爸爸的尊敬是絕對的，通常表現在該有的倫理順從之下。

喂，爸，媽在家嗎？
弟
等一下！
父
給
兒子喔
母
喂媽，爸最近好嗎？
沒事
你們兩個，剛剛直接講就好了！
或是
喂，爸，最近有比較忙嗎？
2弟
好，好。
我叫你媽來講！等一下！
又我…

如果有任何關懷，就是透過傳聲筒——老媽來傳達。

認真說起來，我原生家庭的「父子情」版本，可能寫不出什麼台詞，也沒多少對手戲。

父子之間，如果沒有一個媽媽，感覺非常乾燥！我兒子和他爸爸也是一樣。

我家爸爸阿福在休假期間大多安排到台灣與我們相聚。因為他怕兒子把他忽略了，怕兒子愈來愈不會講法文，萬一時間長了，父子之間不能溝通，那會使他心有遺憾。

我有休假，一定會來看兒子！
每次都跟周邊的人說…
他是多關心小孩，可是父子見了面，他什麼也沒做？

每次去高鐵站接他，我總是把後座清得乾淨，希望他們父子一起坐後面，要摟要抱要開心聊天，我這媽媽就不干預了。我會好好的當司機，安全的把一家人送回家裡去。

行李後車廂放不下。
行李放前面OK！
後面就當成親情雅座吧！

父子好久不見，我猜兒子一定想說說話，爸爸也有很多想知道的事情……後車廂太小，行李放不進去，我把行李放前座，剛好讓他們多多對話。（不過，這是我猜的，而且每次都猜錯。）

在見面的擁抱和親親之後....
靜
奇怪....
都不會找點話題嗎？

或許他們需要一點破冰的引導，破冰就我來吧！

小福，要不要跟把巴說說你下週要參加比賽的事情？
Quoi？
不要講這個！又沒什麼好講！
我不要講！
沒關係，告訴把巴嘛！

跟兒子對話拉扯了一會兒，爸爸雖不太懂中文，但多少可觀察出其中的詭異之處，至少他聽到「跟把巴說」這幾個字。跟papa說什麼呢？他想知道。

既然爸爸問了，兒子又死不肯講，我只好翻譯給爸爸聽。等於又主動幫兒子做了表達，而兒子明明法文比我好，我怎麼老是把事情接過來做呢？

不是他們父子應該彼此主動溝通對話？怎麼都是我在牽線？
說實在的你也管太多了呀！

唉，媽媽就是太敏感，觀前顧後的填補別人沒做到的缺口，可是這是他們的父子情啊！我發現三人在一起的時候，兒子每次

都想透過我傳達意思，這習慣不好，所以我總是得提醒阿福主動向兒子發問。而我得盡量讓自己沒有存在感，免得老是搶去父親的表現機會。

兒子最近很愛聽樂團，你問問他喜歡哪幾個團？
OK, I see!
以英語祕密對話
English...
連問題都得幫爸爸想好....

爸爸把我提供的問題拿去問兒子。當兒子說出自己喜歡的樂團之後，話題就默默的停止了，沒有再多一句話。

兒子，你喜歡哪個樂團？
Pentatonix，是一個A capella的樂團。
嗯！
嗯。
太流行樂了，不是我的菜..接不下去....

就這樣，停在這裡。

叩可
沒對話了？
兩人靜……
到底會不會引導孩子跟你說話叩可？
前座媽的心急

受不了父子的對話，我在心中吶喊：「把巴～你要能引發小孩想跟你說話的意願，你要繼續談下去呀！」

後座安靜的聲音實在太尖銳，打破了我的忍耐，我又接話了。

可是把巴不喜歡聽這種，我不要播！
媽，你別提了啦！
小福，你要不要找一下youtube把pentatonix音樂播放給把巴聽？
Quoi？什麼？
把巴什麼？

於是我又把整個狀況再翻譯一遍給爸爸，要爸爸表現出好奇的心，要求兒子播放音樂。

你找一首給爸爸聽，好嗎？
好啊
奇怪，我剛叫你播，你不要，爸爸一問，你就說好!?!
前座媽不解!

然後，爸爸聽了一首之後，把自己手機拿出來，播放了自己的音樂，不再管兒子喜歡的東西，就這樣一路聽他自己的音樂回到家裡。父子之間真的很乾燥啊！

結果感情都要靠媽媽來拉，拉多了，會把小孩弄得更倚賴我；不拉，又怕父子搞不好從此難以溝通，夾在父子之間的媽媽，真是難做人哪！

freestyle

30

草木共生

有天在車上，兒子滔滔不絕的跟我討論《鬥陣特攻》裡的新角色，說得眉飛色舞……而我心裡卻想著工作和其他家務瑣事，根本沒聽進去。等他講到一個段落，我插話說：「兒子，我跟你講，我都聽不懂耶，但我假裝很有心一直點頭，嗯嗯嗯，事實上我完全沒聽進去。」

說完，兒子不以為意的回我：

聽你"嗯""嗯"的聲音就知道你在敷衍我。沒關係！
歹勢啦媽！
我是因為太想找人說說電玩的角色，沒有人可以跟我分享，你是現在唯一可以聽我說話的人，我也算是在利用你呀！
呵呵！猴囝仔！

這樣啊！好吧，互不相欠。

我很少阻止孩子對遊戲的喜愛，雖然也不鼓勵，但這已足夠助長小福玩遊戲的雄心壯志。兒子興致一來，總忍不住對我表達電玩的看法。他從不理會媽媽是不是對電玩感興趣、不管我想不想聽，他喜歡向我說明遊戲的方法、角色的風格、玩家反應、遊戲市場現況等等。我如果有點電玩的常識，絕對是從他那裡來。

兒子，我雖沒在聽，但，我很喜歡你跟我說你在遊戲中體會到的事情。我沒聽進去，但你不要失望，以後還是要告訴我喔！
好呵！
你高興的事，要分享給媽！

我覺得我這樣好奸詐，美其名是跟孩子有「自由、開放」的對話，但事實上孩子遊戲的範圍我都要「管控」，至少要知道他在玩什麼！而且我要兒子把他最在乎、最有興趣的事情告訴我，但另一方面沒忘了先打預防針，萬一我懶得聽，兒子還不能對媽媽的無心失望。

顆顆……
母親本來就是個狠角色，比你遊戲裡的人物都厲害！

說來3C產品對孩子的影響真的很大，幾乎已經成為有小孩的家庭最傷腦筋的問題。我沒辦法採取完全斷絕的方式（我自己的工作就需要一直掛在電腦、在網上），只好任電玩雜草圍繞在兒子的身邊一直長，長了也不拔，有時還幫忙澆水，期望這些雜草長到有高度的時候比較容易碾下去成為肥料。

上下游媒體網站曾經報導過一位有機果農劉興健先生，他以草木共生的方法挑戰12年不除草，只以碾草的方式養出沃土和健康的果樹。

雖是果樹栽種，卻激勵了我！
這……跟我養小孩的方法不是一樣嗎？
我兒子現在的草，應該是長得滿長的！但我只有偶爾碾一下，並不除草！
雜草長出來，也不拔去……

那一天在車上，我再次強調：

「電玩那方面我不懂，也沒有興趣懂，但太好了，你懂！這樣我就可以問你，所以你要懂得比媽媽多，萬一有人問我或是工作上有需要時，我問你就好。只是，我沒耐性聽電玩的事情，很容易敷衍了事，你也不要太介意。」

兒子回：「我也常敷衍你啊，你罵我的時候我常沒在聽，你也不要介意喔。我是愛你的！」

天啊，這對話聽起來真奇怪！咱們母子是互相敷衍？還是互相包容啊？!!!
管他！反正我們是同一國的就對了！
Give me Five!
LOVE YOU♥

事實上我心裡想管，但忍著不管，曾經出手軟硬兼施的限制或勸告，也是管不了的狀況居多。（跟你家一樣吧！）嘗試許多方法並不見效，只好看開放手讓兒子走自由路線，希望他的草長得夠長，碾壓後能成為沃土，成為日後的養分。但這是險招，根本不知能不能成功？

而且人家說腦子會燒壞、眼睛會惡化，我會不會在孩子還沒長大就已經把他養壞了？

你的人生要自己負責喔！萬一有一天你玩電玩，玩到失明了，也要靠自己好好的活下去唷！
我會控制，不要擔心！
控制不了的時候，我可以嘮叨嗎？
可以啊，我接受你在我失控時罵我！

以上，是我家經常出現的對話型態。

小福說自己能自制，我也就這樣相信他，一上六年級之後，事情似乎沒那麼糟，該收起遊戲的時候，會按照計劃來執行。我一直強調生氣彆扭都沒用，凡事要好好溝通以及能自主，比能聽話更令我高興，這兩項要求最近兒子也表現得比過去好很多。

上個月某天晚上，一連好幾天的和平相處，我看著他問：「我感覺你以後沒有叛逆期耶？你會叛逆嗎？」

我不用叛逆啊！反正媽媽都可以好好講！
天啊，我是不是快要可以收成了？

兒子的回答，不知是否只是暫時？但孩子一上六年級之後的親子生活的確讓我感到輕鬆很多。

於是，我在草木共生的教養險招中默默體會，並等待沃土豐饒的一天。

FREESTYLE 8 TALK

最棒的角色

小孩子是最了解父母的，因為小孩子看過父母所有的面貌，媽媽到底有多懶、多笨、多狡猾，他都知道！所以你沒什麼好掩飾的。

在生活中，小孩是你能夠最自在相處的對象，你開心時可以一直親他抱他，生氣時也能對他坦然爆發怒氣。

孩子這個角色對我來說很特別，他勾引出我最真實的一面。

freestyle

31

自學上路

下學期，我已經幫兒子申請自學了，趁著小六的最後一學期，嘗試一下非典型教育的生活，實驗一次自主學習是不是能在小福身上，激發令人期待的成長。

媽，以後你可以睡晚一點，不用一大早載我去上學。也不用工作到一半，匆匆趕來接我。
那....不是重點！

自學這個念頭，是突然在十月初的時候跳出來的。那時候我的工作在一種水深火熱當中，除了接送和吃飯，沒有時間管小孩，那一、兩個月幾乎以放牛吃草的方式隨他過日子。

然而，對小孩寬鬆，孩子總是得寸進尺得更過分，母親積極工作，兒子荒廢課業，連聯絡簿都沒拿給我簽，終於我生氣了。

你嘛ㄍㄚˇ我卡差不多耶！
我給你自由，你真的就這樣一直玩下去?!!
上一集，不是說我很乖....

兒子一上六年級之後，變得相當理智。我怒氣沖天的站在他面前，指責他沉迷在自己的世界，

他抬頭溫和的看著我，先來個兩秒暫停，與我雙眼對視，空間裡的火氣頓時冷卻，接著才慢條斯理的回應：「媽媽，你不需要用這種語氣說話，生氣沒有用。我一整天都在學校，回來玩遊戲或是看影片都算是一種休息，這不是沉迷，也不是荒廢學業！」我被我兒子冷靜的回答弄得有點失措，明明是他強詞奪理，卻顯得我氣急敗壞。

好……那我好好的跟你講，我覺得你回家後花太多時間在遊戲和影片上，那樣不好！
嗯……

我拋開焦躁情緒，試著以願意溝通的方式跟兒子說話。結果，小福給我這種回答……

如果，時間是可以讓我安排的，我就不會像現在這樣。只因為現在我是小孩，我沒有權利安排自己的時間！
11歲半…

「上學時間是被安排的，下課玩幾分鐘也是被安排的，我想學的東西不能學多一點，我已經會的，還要我一直練習，我沒興趣的卻又要學，我不想參加比賽卻一定要派我去……整天都是這種生活，所以回家一定要做自己喜歡的事情，不然我會很煩！」

兒子的意思大約如此，聽起來好像是真誠的溝通？可是又覺得是一種伶牙俐齒的瞎掰？

好！
你說，你可以安排自己的生活？
我可以
沒有學校的話，你也能安排一個有學習有進步的生活給我看嗎？
我可以！

我心裡的另一面當然也知道，小孩的話經常都是說說而已，能信嗎？孩子對父母的承諾，跳票的不知凡幾。朋友中，比較老練的母親都勸告我對小孩不要太寬鬆，孩子過分的時候沒有立即壓下去，後來就不會再聽話了！

而我竟然還一步一步讓出空間，家長的底線一寸一寸失守，難道我真的相信孩子可以安排自己的生活？

總是期待孩子別乖如隨眾的小羊，不要總是被動接受守舊的框架……
孩子，你可以有自己的想法！
唉……
但我靈魂的深處……
要說得如此奧妙嗎？

我喜歡小孩挑戰不合理並同時能承擔自己做法帶來的結果。

所以當孩子這麼有自信的表示「我可以」，我這個媽媽等於被抓到了死穴。

你敢這麼要求，我就敢給！
如果不用上學，我就做給你看！

說來就是這麼意氣用事的開始申請自學！

那幾天，我們母子立即成立工作小組，不是兒子要求我趕快寫，就是我要他過來討論，兩人很快的把課程內容整理出來，趕在申請期限內交出。

你國中就乖乖回體制內學校上學！
我跟你說，如果自學期間你不好好自制只會擺爛，害我們自學計劃失敗的話……
為什麼失敗才要回去上學？成功也可以啊！
也對！實驗嘛！什麼成果都是好成果！

一學期的自學只是成長階段的一個嘗試，光是不設限的考慮「我要學什麼」、「我想怎麼學」；光是自製一份日程表，兒子由被動轉為主動，練習了他人生自主的第一步。自學審查不知是否過關，下學期尚未開始，但我家自學已經上路。

freestyle

32

屬於父子，同時也是媽媽的假期

我家爸爸很會滑雪，之前就一直說要訓練兒子跟他有一樣的滑雪功力。但因為他在中國工作，我們在台灣生活，真要找出假期互相配合滑雪是很困難的事，所以事情就這麼擱著。

我認為
男孩一定要很會游泳，很會滑雪！不然就不帥了！
嗯…
盡挑自己擅長的運動講……我是認為要會彈吉他

一個聊天的機會中，我得知有適當的滑雪團可以讓在中國工作的爸爸與在台灣讀書的兒子一同前往日本滑雪，兒子跟著領隊搭飛機出國，爸爸從中國出發到羽田機場會合，接下來就完全靠旅行社，不用再花心思安排住宿和交通行程，非常適合他們父子倆參加。

反正，我也不喜歡滑雪，就讓他們自己去玩！讓他們擁有屬於父子的假期！
轉身
而我，擁有我的自由！

我家爸爸過去完全不曾單獨帶過小孩，從孩子出生起，最多只能獨自帶孩子去買麵包，短短的一段路，出發前還是得由我來幫他們準備，不然永遠被動的等我處理。

怎麼弄啦？
你背袋穿好！
我幫你把兒子放進去！
買麵包的錢放在左手，
幫兒子擦口水的手帕拿在右手。
好！可以出門了

雖然這幾年來爸爸成熟了，開始有帶小孩的意願，但說一句老實話，也是因為兒子逐漸成長、懂事，生活事項不需大人協助就能自理，而且還有 iPad 可以讓爸爸偷懶……

是兒子長大到可以陪你滑雪吧！不然，你會帶嗎？
呵…說得也是，如果還要幫他擦屁股，餵飯……偶就毋法度囉！

父子滑雪之旅出發前，所有的瑣事仍是我一人全面關照。不埋怨，反正把一切都打點好，送兒子去搭飛機之後，我才能獲得真正的假期。

為了這十年一次難得的輕鬆，無論如何都要把事情辦好。

於是，我很仔細的準備兒子的行李，一邊整理一邊叮嚀他牢記物件的位置，該怎麼用、該怎麼收……我有一個對生活沒敏感度的兒子，對穿衣吃飯都很恍神的男孩，這跟他爸爸沒差多少。

看好，
內褲要天天換！
睡衣不用！
好。
好。

行李有點擁擠，除了正常的冬天服裝之外還要帶上滑雪的衣褲配件，加上台灣還熱著呢！

從台南出發是夏衣，北上穿秋衣，抵達日本著冬衣，上山後雪衣，氣候差異不能忽視……

……冷了，就要穿外套，旅行時生病很麻煩…
BaLa…
BaLa…
記住！滑雪外套在最上面，一到日本會變很冷，就從這裡抽出來穿，知道嗎？
好凹嗚～
有沒有在聽？

天知道兒子有沒有聽進去？我心想，反正跟爸爸一起吃、住、滑雪，爸爸也會幫忙觀察衣服要怎麼穿吧？

就這樣，送兒子出國後，我開心的過了史上最強的輕鬆假！一個人在台北晃了好幾天。約朋友吃吃喝喝、一起按摩聊天，甚至無意識的在路上隨便走都開心得不得了。

快樂得飛起來……
久違的自由自在,
淚水
完整的6天假期……

壓軸的來了。兒子回來後……

媽,要洗的衣服是這一袋。
這麼少？雪衣都沒動到？
你滑雪時是穿什麼？
我穿我身上這件防風衣呀！
啊！
不是有帶雪衣？你爸都沒有幫你嗎？爸爸有沒有看你的行李箱裡有什麼衣服？
沒有啊,我都自己弄。
啊!

兒子回來後，髒衣服只有六天的內褲和一件套頭棉衣以及兩雙襪子，而且爸爸完全沒有翻看他的行李箱裡有什麼！完全沒有。

好好，平安回來就好
你不是說，只有內褲和溼的衣服才要換？
啊,都沒有溼啊！

我拍媽媽，用一台老數位相機。

我拍一下

媽媽在工作……

我帶你去
吃一家很好吃的……

媽媽載我去很多地方。

你，了解的只是媽媽的表面

要不要？
媽媽做的手搖飲
紅茶的
好！

我媽。

媽？什麼時候吃飯？

媽媽在廚房，我覺得很安心。

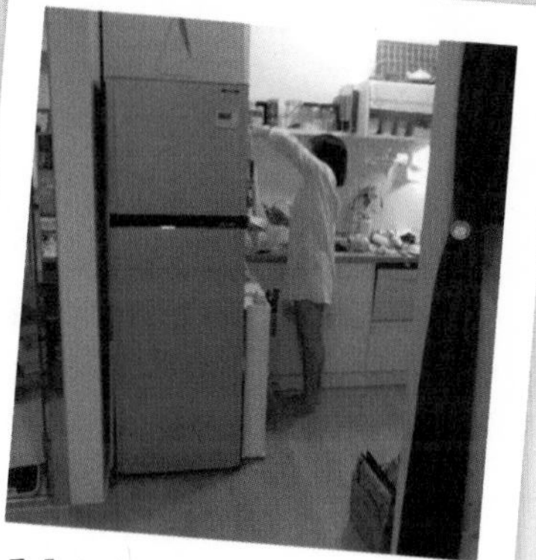

又是在廚房，兒子，你可以幫我拍些別的嗎？

家庭與生活 054

媽媽的福利時代

徐玫怡的放養圖文筆記書

國家圖書館出版品預行編目(CIP)資料
媽媽的福利時代：徐玫怡的放養圖文筆記書／
徐玫怡文字、繪圖 -- 第一版 --
臺北市：親子天下，2019.08
192面；17×21公分 --（家庭與生活；54）
ISBN 978-957-503-471-9（平裝）
1.育兒　2.親職教育　3.通俗作品

428　　108011899

作者　徐玫怡
責任編輯　楊逸竹
校對　魏秋綢
封面設計　FE設計 葉馥儀
內頁排版　張靜怡
行銷企劃　林靈姝

發行人　殷允芃
創辦人兼執行長　何琦瑜
副總經理　游玉雪
總監　李佩芬
副總監　陳珮雯
主編　盧宜穗
企劃編輯　林胤孝、蔡川惠
版權專員　何晨瑋

出版者　親子天下股份有限公司
地址　台北市104建國北路一段96號11樓
電話　(02) 2509-2800　**傳真**　(02) 2509-2462
網址　www.parenting.com.tw
讀者服務專線　(02) 2662-0332　週一～週五 09:00~17:30
讀者服務傳真　(02) 2662-6048
客服信箱　bill@service.cw.com.tw

法律顧問　瀛睿兩岸暨創新顧問公司
總經銷　大和圖書有限公司　**電話**　(02) 8990-2588

出版日期　2019年8月第一版第一次印行
定價　380元
書號　BKEEF054P
ISBN　978-957-503-471-9（平裝）

訂購服務
- **親子天下 Shopping**　shopping.parenting.com.tw
- **海外．大量訂購**　parenting@service.cw.com.tw
- **書香花園**　台北市建國北路二段6巷11號　電話 (02) 2506-1635
- **劃撥帳號**　50331356 親子天下股份有限公司

立即購買 >